工程制图与环境设计研究

李越升 陈 晶 孙秀茹 著

吉林科学技术出版社

图书在版编目（CIP）数据

工程制图与环境设计研究 / 李越升，陈晶，孙秀茹
著 . -- 长春：吉林科学技术出版社，2022.11
ISBN 978-7-5578-9910-3

Ⅰ. ①工… Ⅱ. ①李… ②陈… ③孙… Ⅲ. ①环境设
计－建筑制图－研究 Ⅳ. ① TU204.21

中国版本图书馆 CIP 数据核字（2022）第 205404 号

工程制图与环境设计研究

著	李越升 陈 晶 孙秀茹
出 版 人	宛 霞
责任编辑	潘竞翔
封面设计	树人教育
制 版	树人教育
幅面尺寸	185mm×260mm
开 本	16
字 数	250 千字
印 张	11.25
印 数	1-1500 册
版 次	2022 年 11 月第 1 版
印 次	2023 年 3 月第 1 次印刷
出 版	吉林科学技术出版社
发 行	吉林科学技术出版社
地 址	长春市南关区福祉大路 5788 号出版大厦 A 座
邮 编	130118

发行部电话 / 传真　0431—81629529　　81629530　　81629531
　　　　　　　　　　81629532　　81629533　　81629534

储运部电话　0431—86059116

编辑部电话　0431—81629520

印 刷	三河市嵩川印刷有限公司
书 号	ISBN 978-7-5578-9910-3
定 价	70.00 元

前　言

工程制图在工程建设项目中占据非常重要的地位，环境艺术设计、室内设计、工业设计、家具设计、包装设计、广告设计等都是依据图纸来制作和实施。因为上述设计的造型、尺寸和做法，都不是纯绘画或语言文字所能描述清楚的，这必须借助一系列的制图。如在房屋建筑工程中，当进行初步设计时，要用到能简明地反映房屋建筑功能、特色的方案设计图；当进行施工设计时，要用到能详细地表达房屋建筑的平面布局、立面外形、内部空间结构等的建筑平面、立面、剖面图及必要的结构施工图、设备施工图等。随着技术、工艺、材料和人们认识的发展变化，人们对所生活的环境空间的要求也越来越高。过去，根据客户的需要，通常只需要在有关的平面图、立面图和剖面图中加注文字说明或加绘一些局部详图就可以了。现在，因客户和设计师对布局、装饰和质量等有不同的艺术品位和要求，再加之新技术、新材料和新工艺的快速发展应用，之前的"附带说明"已不能达到设计表达的目的，于是工程制图更加凸显其重要性。所以，学好工程制图的基本知识和理论是非常重要的。

环境设计既是艺术也是科学，其创作设计过程不仅要遵循一般艺术创作的规律，而且要运用最新的科学技术手段，只有按照严格的设计程序，才能最终全部地实现设计目的。

现阶段，人与环境的关系问题已越来越受到人们的重视，同样，从人与环境关系的高度来认识环境的发展与创造，也是现如今环境设计认识上的一大进步。环境设计的根本目的，主要是为了方便人的使用，遗憾的是，在当下的环境艺术设计教育和设计实践中，这一根本目的经常被忽视或偏离，如城市中很多"水景"设计得很漂亮，但往往是只能远观而无法接近，居住区绿地设计花样翻新，也是供人看的多，可参与其中的少，如此等等不胜枚举。同时，随着现代社会经济的快速发展，人们的生活水平日益提高，环境问题逐渐浮出水面，于是社会各界都开始广泛关注环境的发展。因此，本书从工程制图和环境设计两个方面入手，涉及理论知识与实际应用，从而系统地阐述了内容要点。

本书在编写过程中，参考和借鉴了了很多专家和学着的相关研究成果，在此对他们表示衷心的感谢。由于时间仓促，本书在编写过程中难免有不足之处，欢迎广大读者朋友们批评指正，以便进一步的改进和提高。

目　录

第一章　机械制图的基本知识

图样是传递设计思想的信息载体，是生产过程中加工（或装配）和检验（或调试）的依据。图样是工程界进行交流的技术语言。因此，机械制图在图样中占有重要地位，因此，对机械制图基本知识进行了解是必不可少的。

第一节　国家标准中《技术制图》的基本规定

机械图样是现代设计和制造机械零件与设备过程中的重要技术文件，为便于生产、管理和进行技术交流，国家质量监督检验检疫总局依据国际标准化组织制定的国际标准，制定并颁布了《技术制图》《机械制图》等一系列国家标准，其中对于图样内容、画法、尺寸注法等都做出了统一规范。《技术制图》国家标准是一项基础技术标准，在内容上具有统一性和通用性的特点，它涵盖了机械、建筑、水利、电气等行业，处于制图标准体系中的最高层次。《机械制图》国家标准，则是机械类的专业制图标准。这两个国家标准，是机械图样绘制和使用的准则，生产和设计部门的工作人员都必须严格遵守，并牢固树立标准化的观念。

一、图纸幅面和图框格式

1. 图纸幅面

图纸幅面是指图纸宽度与长度组成的大小。为了方便图样的绘制、使用和管理，图样均应绘制在标准的图纸幅面上。应优先选用规定的基本幅面尺寸（B 为图纸短边，L 为长边，而且 L=B），有 A0、A1、A2、A3、A4 五种常用幅面。必要时长边可以加长，以利于图纸的折叠和保管，但加长的尺寸必须按照国标规定，由基本幅面的短边成整数倍增加得到，短边不得加长。

2. 图框格式

图框是图纸上限定绘图范围的线框。图样均应绘制在用粗实线画出的图框内。其格式分为不留装订边和留有装订边两种，但同一产品的图样只能采用一种格式：留有装订边的图纸；不留装订边的图纸。加长格式的图框尺寸，按照比所选用的基本幅面大一号的图纸图框尺寸来确定。

3. 标题栏

国家标准规定，每张图纸的右下角都必须有标题栏，用以说明图样的名称、图号、零件材料、设计单位及有关人员的签名等内容，它一般包含更改区、签字区、其他区及名称代号区四个部分。

二、图线及其画法

画在图纸上的各种形式的线条统称图线。国家标准规定了《技术制图》《机械制图》所用图线的名称、型式、应用和画法规则。

1. 线型及其应用

国家标准规定的基本线型共有 15 种，绘图时常用到其中的一小部分，如粗实线、细实线、细虚线、细点画线、细双点画线、波浪线、双折线、粗点画线等。

2. 图线宽度

技术制图中有粗线、中粗线、细线之分，其宽度比为 4：2：1。图线的宽度 d 宜从下列数系中选取：0.13、0.18、0.25、0.35、0.5、0.7、1、1.4、2.0（单位均为 mm）。在机械图样中只采用粗、细两种线宽，其宽度比为 2：1，优先采用 0.5 mm 和 0.7 mm 的线宽。

3. 图线的画法

（1）在同一张图纸内，同类图线的宽度应基本一致。

（2）相互平行的图线（包括剖面线），其间隙不宜小于其中的粗线宽度，且不宜小于 0.7mm。

（3）虚线、点画线及双点画线的线段长度和间隔应大致相等。

（4）单点画线或双点画线，当在较小图形中绘制有困难时，可用细实线代替。

（5）点画线与点画线或点画线与其他图线相交时，应是画相交，而不应是点或间隔相交。绘制圆的对称中心线时，圆心应为画的交点。单点画线和双点画线的首末两端应是画而不是点。在较小的图形上绘制点画线或双点画线有困难时，可用细实线代替。

（6）虚线、点画线与其他图线相交（或同种图线相交）时，都应以画相交；当虚线是粗实线的延长线时，粗实线应画到分界点，而虚线应以间隔与之相连。

（7）图形的对称中心线、回转体轴线等的细点画线，一般要超出图形外 2~5mm。

（8）图线不得与文字、数字或符号重叠、混淆，不可避免时，应首先保证文字等的清晰。

三、字体

字体是指图样中文字、字母、数字或符号的书写形式。

工程图上的字体均应做到笔画清晰、字体工整、排列整齐、间隔均匀，标点符号应清楚正确。汉字、数字、字母等字体的大小以字号来表示，字号就是字体的高度，用 h 来表示。图纸中字体的大小应依据图纸幅面、比例等情况从国标规定的公称尺寸系列中选用：3.5、5、7、10、14、20（单位：mm）。如需书写更大的字，其高度应按 12 的比值递增，并取毫米的整数。

1. 汉字

图样及说明中的汉字，由于笔画较多，应采用简化汉字书写，必须遵守《汉字简化方案》和有关规定，并用长仿宋字体。长仿宋字体的字高与字宽的比例为 1 : 2，字号不应小于 3.5 mm，长仿宋字的基本笔画有横、竖、撇、捺、挑、点、钩等，其书写要领是横平竖直、注意起落、结构匀称、填满方格。

（1）横平竖直

横笔基本要平，可稍微向上倾斜一点儿。竖笔要直，笔画要刚劲有力。

（2）注意起落

横、竖的起笔和收笔，撇的起笔，钩的转角等都要顿一下笔，形成小三角。长仿宋字体的基本笔画示例如，图 1-1 所示。

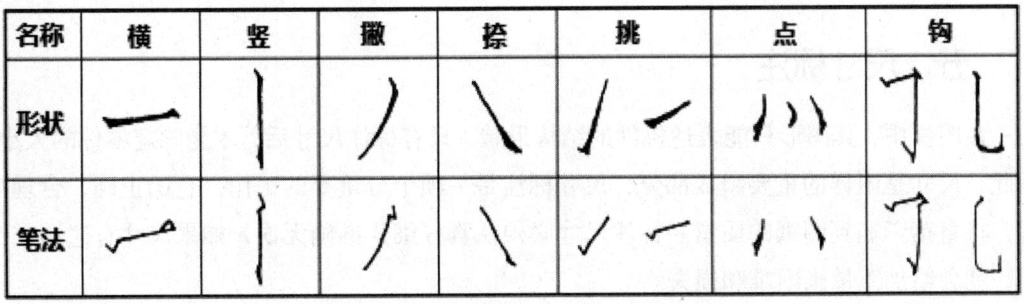

名称	横	竖	撇	捺	挑	点	钩
形状	一	丨	丿	㇏	㇀	丷	亅乚
笔法	一	丨	丿	㇏	㇀	丷	亅乚

图 1-1 长仿宋字体的基本笔画示例

（3）结构匀称

要注意字体的结构，即妥善安排字体的各个部分应占的比例，笔画布局要均匀紧凑。

（4）填满方格

上下左右笔锋要尽可能靠近字格，但也有例外的，如日、口、月、二等字都要比字格略小。

2. 字母和数字

字母和数字（包括阿拉伯数字、罗马数字、拉丁字母及少数希腊字母）按笔画宽度 d 与字高 h 的关系情况可分为 A 型（笔画宽度 d 为 h/14）和 B 型（笔画宽度 d 为 h/10）。在同一张图纸上只能采用一种字体。其中又有直体字和斜体字之分，一般采用斜体字。斜体字的字头向右倾斜，与水平方向的夹角不能小于 75°。但当数字和字母与汉字混合书写时，可写成直体字。

字母和数字的字高，应不小于 2.5 mm。斜体字的高度和宽度应与相应的直体字相等。

3. 其他符号

（1）用作分数、极限偏差、注脚等的数字及字母，一般应采用小一号的字体。

（2）图样中的数学符号、物理量符号、计量单位符号及其他符号、代号，应分别符合相应的规定。

四、比例

图样的比例，是图中图形与其实物相应要素的线性尺寸之比。线性尺寸是指相关的点、线、面本身的尺寸或它们的相对距离，如直线的长度、圆的直径、两平行表面的距离等。

比例的大小是指其比值的大小，如 1：50 大于 1：100。比例的符号为"："，比例应以阿拉伯数字表示，如 1：1、1：100 等。比值为 1 的比例，叫作原值比例，即 1：1 的比例，也叫等值比例。比值大于 1 的比例，叫作放大比例，如 2：1 等。比值小于 1 的比例，叫作缩小比例，如 1：2 等。

图样不论采用放大还是缩小比例，不论作图的精确程度如何，在标注尺寸时，均应按机件的实际尺寸和角度即原值标注。一般情况下，比例应标注在标题栏中的"比例"一栏内。比例亦可注写在图名的下方或右侧。

五、尺寸标注

在图样中，其图形只能表达机件的结构形状，只有标注尺寸后，才能确定零件的大小。因此，尺寸是图样的重要组成部分，尺寸标注是一项十分重要的工作，它的正确、合理与否，将直接影响到图纸的质量。标注尺寸必须认真仔细，准确无误，如果尺寸有遗漏或错误，就会给加工带来困难和损失。

1.基本原则

（1）机件的真实大小应以图样所注的尺寸数值为依据，与图形的大小、所使用的比例及绘图的准确程度无关。

（2）图样中（包括技术要求和其他说明）的尺寸，以毫米为单位时，不需标注计量单位的代号或名称，若采用其他单位，则必须注明相应计量单位的代号或名称。例如，角度为 30 度 10 分 5 秒，则在图样上应标注成"30° 10′ 5″"。

（3）图样中所标注的尺寸，为该图样所示机件的最后完工尺寸，否则应另加说明。

（4）机件的每一尺寸，一般只标注一次，并应标注在反映该结构最清晰的图形上。

2.尺寸的组成

图样上的尺寸包括四个要素：尺寸界线、尺寸线、尺寸线终端和尺寸数字、符号。

（1）尺寸界线

尺寸界线用来表示所注尺寸的范围界限，应用细实线绘制，一般应与被标注长度垂直，必要时才允许与尺寸线倾斜，如光滑过渡处的标注，但两尺寸界线仍相互平行。其一端应从图样的轮廓线、轴线或对称中心线引出，另一端应超出尺寸线 2~5 mm。必要时可直接利用图样轮廓线、中心线及轴线作为尺寸界线。

（2）尺寸线

尺寸线应用细实线绘制，标注线性尺寸时，应与被注长度平行，与尺寸界线垂直相交，但不应超出尺寸界线外。互相平行的尺寸线，应从被标注的图样轮廓线由近向远整齐排列，小尺寸应离轮廓线较近，大尺寸离轮廓线较远。图样轮廓线以外的尺寸线，距图样最外轮廓线之间的距离不宜小于 7 mm，平行排列的尺寸线的间距为 5~10 mm，并应保持一致。图样上任何图线都不得代替尺寸线。

（3）尺寸线终端

尺寸线终端一般用箭头或细斜线绘制，并画在尺寸线与尺寸界线的相交处。箭头的形式如图 1-2（a）所示，适用于各种类型的图样。而细斜线的形式如图 1-2（b）所示，其倾斜方向应以尺寸线为准逆时针旋转 45°，长度应为 2~3 mm。在机械图样中一般采用箭头的形式，在土建图样中使用细斜线的形式。

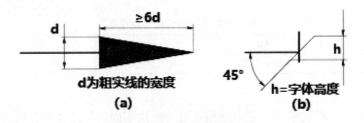

图 1-2 箭头及细斜线的尺寸画法

半径、直径、角度与弧长的尺寸线终端应用箭头表示。当尺寸线与尺寸界线互相垂直时，同一张图样中只能采用一种尺寸线终端形式。当采用箭头形式时，同一图样上，箭头大小要一致，不随尺寸数值大小的变化而变化，而且在没有足够位置的情况下，允许用圆点或斜线代替箭头。当尺寸线终端采用细斜线形式时，尺寸线与尺寸界线必须相互垂直。

（4）尺寸数字

国标规定图样上标注的尺寸一律用阿拉伯数字标注其实际尺寸，它与绘图所用比例及准确程度无关，应以尺寸数字为准，不得从图上直接量取。图样上所标注的尺寸，除特别标明的外，一律以毫米（mm）为单位，图上尺寸数字都不再注写单位。

尺寸数字如果没有足够的注写位置时，尺寸数字也可引出标注，尺寸数字不可被任何图线穿过，否则必须断开图线。

当对称机件采用对称省略画法时，该对称构件的尺寸线应略超过对称符号，仅在尺寸线的一端画尺寸起止符号，尺寸数字应按整体全尺寸注写，其注写位置宜与对称符号对齐。

第二节　绘图工具的使用方法

图样绘制的质量好坏与速度快慢取决于绘图工具和仪器的质量，同时也取决于其能否正确使用。因此，要能够正确挑选绘图工具和仪器，并养成正确使用和经常维护、保养绘图工具和仪器的良好习惯。下面介绍几种常用的绘图工具和仪器、用品以及它们的使用方法。

一、图板、丁字尺、三角板

1. 图板

图板是用来铺放和固定图纸的。板面要求平整光滑，图板四周一般都镶有硬木边框，图板的左边是工作边，称为导边，需要保持其平直光滑。使用时，要防止图板受潮、受热。图纸要铺放在图板的左下部，用胶带纸粘住四个角，并使图纸下方至少留有一个丁字尺宽度的空间。

图板大小有多种规格，它的选择一般应与绘图纸张的尺寸相适应，与同号图纸相比每边加长 50 mm。常用的图板尺寸规格见表 1-1。

表 1-1 常用的图板尺寸规格表

图板尺寸规格代号	A0	A1	A2	A3
图板尺寸（宽 × 长）	920 × 1220	610 × 920	460 × 610	305 × 460

2. 丁字尺

丁字尺主要用于画水平线，它由互相垂直并连接牢固的尺头和尺身两部分组成，尺身沿长度方向带有刻度的侧边为工作边。绘图时，要使尺头紧靠图板左边，并沿其上下滑动到需要画线的位置，同时使笔尖紧靠尺身，笔杆略向右倾斜，即可从左向右匀速画出水平线。应注意：尺头不能紧靠图板的其他边缘滑动而画线；丁字尺不用时应悬挂起来（尺身末端有小圆孔），以免尺身翘起变形。

3. 三角板

三角板分 45° 和 30°、60° 两种，规格用长度 L 表示。常用的大三角板有 20 cm、25 cm、30 cm。它主要用于配合丁字尺使用来画垂直线与倾斜线。画垂直线时，应使丁字尺尺头紧靠图板工作边，三角板一边紧靠住丁字尺的尺身，然后用左手按住丁字尺和三角板，且应靠在三角板的左边自下而上画线。画 30°、45°、60° 倾斜线时均需丁字尺与一块三角板配合使用，当画其他 15° 整数倍角的各种倾斜线时，需丁字尺和两块三角板配合使用画出。同时，两块三角板配合使用，还可以画出已知直线的平行线或垂直线。

二、比例尺

比例尺是用来按一定比例量取长度时的专用量尺，可放大或缩小尺寸。常用的比例尺有两种：一种外形成三棱柱体，上有六种（1：100、1：200、1：300、1：400、1：500、1：600）不同的比例，称为三棱尺；另一种外形像直尺，上有三种不同的比例，称为比例直尺。画图时可按所需比例，用尺上标注的刻度直接量取而不需换算。如按 1：100 比例，画出实际长度为 3m 的图线，可在比例尺上找到 1：100 的刻度一边，直接量取相应刻度即可，这时，图上画出的长度就是 30mm。

三、圆规和分规

圆规主要是用来画圆及圆弧的。一般较完整的圆规应附有铅芯插腿、钢针插腿、直线笔插腿和延伸杆等。在画图时，应使用钢针具有台阶的一端，并将其固定在圆心上，这样可不使圆心扩大，但应使铅芯尖与针尖大致等长。在一般情况下画圆或圆弧时，应使圆规按顺时针转动，并稍向前方倾斜。在画较大圆或圆弧时，应使圆规的两条腿都垂直于纸面。在画大圆时，还应接上延伸杆。

分规主要是用来量取线段长度和等分线段的。其形状与圆规相似，但两腿都是钢针。为了能准确地量取尺寸，分规的两针尖应保持尖锐，使用时，两针尖应调整到平齐，即当分规两腿合拢后，两针尖必聚于一点，如图 1-3（a）所示。

等分线段时，通常用试分法，逐渐地使分规两针尖调到所需距离，如图 1-3（b）所示。然后在图纸上使两针尖沿要等分的线段依次摆动前进，如图 1-3（c）所示，弹簧分规用于精确地截取距离。

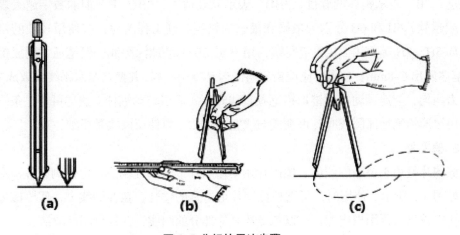

(a)　　　**(b)**　　　**(c)**

图 1-3 分规的用法步骤

四、直线笔和绘图笔

直线笔（也叫鸭嘴笔）是传统的上墨画线的工具。在使用时应注意每次注墨不要太多，不要让笔尖的外侧有墨，以免沾污图纸。画线时两叶片间要留有空隙，以保证墨水能流出。调整两叶片的距离为线宽，装墨高度为 6~8 mm。但外倾、内倾、墨水太多、墨水太少都不正确。

绘图笔如图 1-4 所示，头部装有带通针的针管，类似自来水笔，能吸存碳素墨水，使用较方便。针管笔分不同粗细型号，可画出不同粗细的图线，通常用的笔尖有粗（0.9mm）、中（0.6mm）、细（0.3mm）三种规格，用来画粗、中、细三种线型。

图1-4 绘图笔

五、绘图用品

1.绘图纸

绘图时要选用专用的绘图纸。专用绘图纸的纸质应坚实、纸面洁白，且符合国家标准规定的幅面尺寸。图纸有正反面之分，绘图前可用橡皮擦拭来检验其正反面，擦拭起毛严重的一面为反面。

2.铅笔

铅笔是用来画图线或写字的。铅笔的铅芯有软硬之分，铅笔上标注的"H"表示铅芯的硬度，"B"表示铅芯的软度，"HB"表示软硬适中，"H""B"前的数字越大表示铅笔越硬或越软，6H和6B分别为最硬和最软的铅笔。画工程图时，应使用较硬的铅笔打底稿，如3H、2H等，用HB铅笔写字，用B或2B铅笔加深图线。铅笔通常削成锥形或铲形，笔芯露出6~8mm。画图时应使铅笔略向运动方向倾斜，并使之与水平线大致成75°角，且用力均匀，匀速运动。用锥形铅笔画直线时，要适当转动笔杆，这样可使整条线粗细均匀；用铲形铅笔加深图线时，可削成与线宽相一致，以使所画线条粗细一致。

3.擦图片

擦图片是用来擦除图线的。擦图片用薄塑料片或金属片制成，上面刻有各种形式的镂孔，如图1-5所示。使用时，可选择擦图片上适宜的镂孔，盖在图线上，使要擦去的部分从镂孔中露出，再用橡皮擦拭，以免擦坏其他部分的图线，并保持图面清洁。

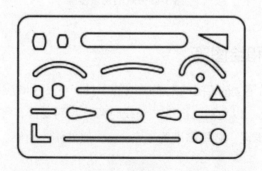

图1-5 擦图片

4.曲线板和机械模板

曲线板是用来画非圆曲线的工具。曲线板的使用方法是首先求得曲线上的若干点，徒手用铅笔过各点轻勾画出曲线；然后将曲线板靠上，在曲线板边缘上选择一段至少能经过曲线上的 3~4 个点，沿曲线板边缘画出此段曲线；再移动曲线板，自前段接画曲线；如此延续下去，即可画完整段曲线。

机械模板主要用来画各种机械标准图例和常用符号，如形位公差项目符号、粗糙度符号、斜度、锥度符号、箭头等。模板上刻有用以画出各种不同图例或符号的孔。其大小符合一定的比例，只要用铅笔在孔内画一周，图例就画出来了。使用机械模板，可提高画图的速度和质量。

5. 其他绘图用品

除上述用品外，绘图时还需要小刀（或刀片）、绘图橡皮、胶带纸、量角器、砂纸及软毛刷等。

六、专用绘图机

1. 机械式绘图机

机械式绘图机使用方便，绘图效率高，对绘制复杂图形，其工作效率更加显著。它的图板高度、方向和倾斜角度可以调整，其上的相关机构可代替三角板、丁字尺、量角器等绘图工具。

2. 数控自动绘图机

当前各行各业已广泛采用计算机绘图，数控自动绘图机可以按照给定的参数画出所需要的几何图形和书写各种文字等。在计算机绘图系统中，可按需要配置各种形式的全自动绘图机，其中主要的类型是平板式和滚筒式，此外还有精度更高的平面电机式绘图机，但前两种在计算机绘图系统中使用较多。关于计算机控制自动绘图机的详细介绍，可参阅有关计算机绘图教材。

第三节　几何作图

1. 线段和角的等分

（1）线段的任意等分，如图 1-6 所示。

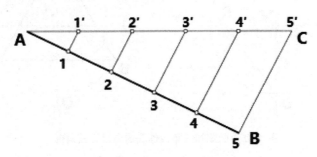

图 1-6 五等分线段 AB

（2）两平行线间的任意等分，如图 1-7 所示。

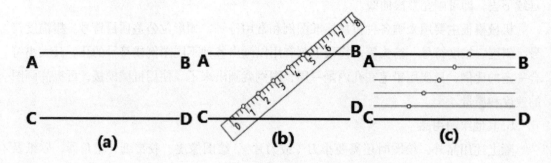

图 1-7 分两平行线 AB 和 CD 之间的距离为五等分

（3）角的二等分，如图 1-8 所示。

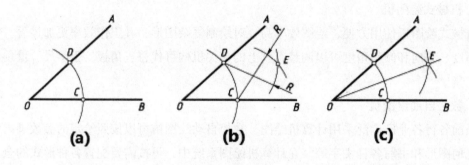

图 1-8 角的二等分

2. 等分圆周作正多边形

（1）正三角形

1）用圆规和三角板作圆的内接正三角形，如图 1-9 所示

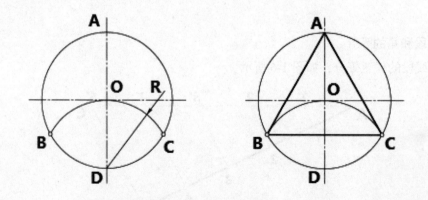

图 1-9 用圆规和三角板作圆的内接正三角形

2）用丁字尺和三角板作圆的内接正三角形，如图 1-10 所示。

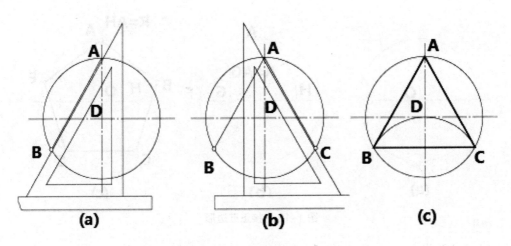

图 1-10 用丁字尺和三角板作圆的内接正三角形

（2）正四边形

用丁字尺和三角板作圆的内接正四边形，如图 1-11 所示。

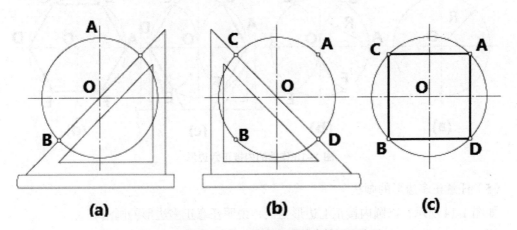

图 1-11 用丁字尺和三角板作圆的内接正四边形

（3）正五边形

作圆的内接正五边形，如图 1-12 所示。

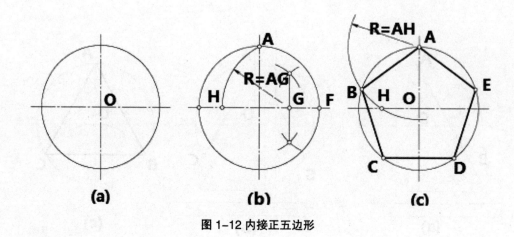

图1-12 内接正五边形

（4）正六边形

作圆的内接正六边形，如图1-13所示。

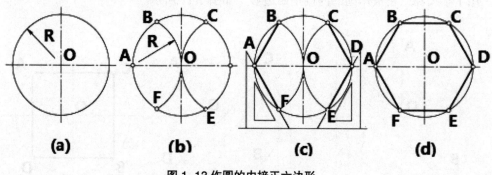

图1-13 作圆的内接正六边形

（5）任意正多边形的画法

如图1-14所示，以圆内接正七边形为例，说明任意正多边形的画法。

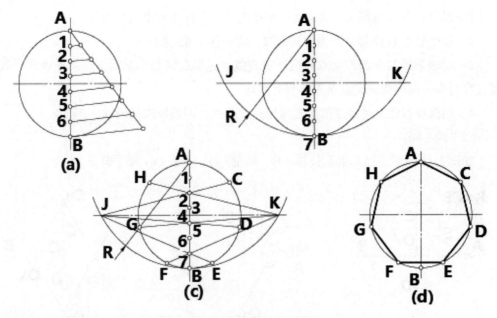

图 1-14 任意正多边形的画法

作图步骤:

1) 把直径 AB 分为七等分,得等分点 1、2、3、4、5、6。

2) 以点 A 为圆心,AB 长为半径作圆弧,交水平直径的延长线于 J K 两点。

3) 从 J、K 两点分别向各偶数点(2、4、6)连线并延长相交于圆周上的 C、D、E、F、G、H 点,依次连接 A、C、D、E、F、G、H 各点即得所求的正七边形。

3. 椭圆画法

(1) 同心圆法

如图 1-15 所示,已知椭圆长轴 AB、短轴 CD、中心点 O,求作椭圆。

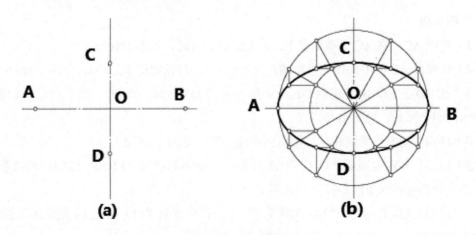

图 1-15 同心圆法画椭圆

作图步骤:

1）以中心点 O 为圆心，以 OA 和 OC 为半径，作出两个同心圆。

2）过中心点 O 作等分圆周的辐射线（图中作了 12 条线）。

3）过辐射线与大圆的交点向内画竖直线，过辐射线与小圆的交点向外画水平线，则竖直线与水平线的相应交点即为椭圆上的点。

4）用曲线板将上述各点依次光滑地连接起来，即得所求的椭圆。

（2）四心圆法

如图 1-16 所示，已知椭圆长轴 AB、短轴 CD、中心 O，求作椭圆。

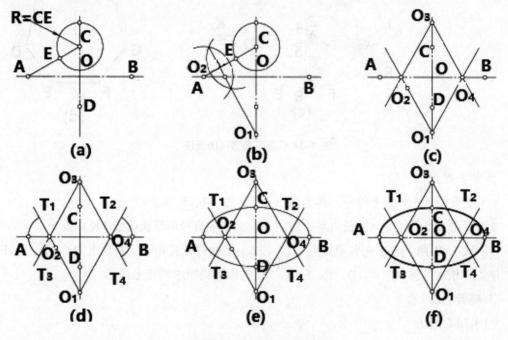

图 1-16 四心圆法画椭圆

作图步骤：

1）连接 AC，在 AC 上截取点 E，使 CE=OA—OC，见图 1-16（a）。

2）作线段 AE 的中垂线并与短轴相交于点 O1，与长轴交于点 O2，见图 1-16（b）。

3）在 CD 上和 AB 上找到 O1、O2 的对称点 O3、O4，则 O1、O2、O3、O4 即为四段圆弧的四个圆心，见图 1-16（c）。

4）将四个圆心点两两相连，得出四条连心线，见图 1-16（d）。

5）以 O1、O3 为圆心、O1C=O3D 为半径，分别画圆弧 T1T2 和 T3T4，两段圆弧的四个端点分别落在四条连心线上，见图 1-16（e）。

6）以 O2、O4 为圆心、O2A=O4B 为半径，分别画圆弧 T1T3 和 T2T4 完成所作的椭圆，见图 1-16（f）。

这是个近似的椭圆，它由四段圆弧组成，T1、T2、T3、T4 为四段圆弧的连接点，也是四段圆弧相切（内切）的切点。

（3）八点法

如图 1-17 所示，已知椭圆的长轴 AB、短轴 CD，求作椭圆。

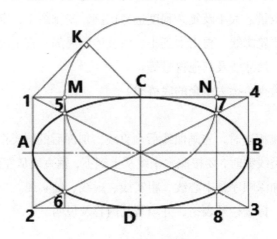

图 1-17 八点法画椭圆

作图步骤：

1）过长短轴的端点 A、B、C、D 作椭圆外切矩形 1234，连接对角线。

2）以 1C 为斜边，作 45° 等腰直角三角形 1KC。

3）以 C 为圆心、CK 为半径画弧，交 14 于 M、N 两点：再自 M、N 两点引短边的平行线，与对角线相交得 5、6、7、8 四个点。

4）用曲线板顺序连接点 A、5、C、7、B、8、D、6、A，即得所求的椭圆。

注意采用八点法画得椭圆不太精确。

第四节 绘图的一般步骤

一、用绘图工具和仪器绘制图样

为了保证绘图的质量，提高绘图的速度，除正确使用绘图仪器、工具，熟练掌握几何作图方法和严格遵守国家制图标准外，还应注意下述的绘图步骤和方法。

1. 准备工作

（1）收集阅读有关的文件资料，对所绘图样的内容及要求进行了解。在学习过程中，对作业的内容、目的、要求，要了解清楚，在绘图之前做到心中有数。

（2）准备好必要的绘图仪器、工具和用品。

（3）将图纸用胶带纸固定在图板上，位置要适当。一般将图纸粘贴在图板的左下方，图纸左边至图板边缘 3~5 cm，图纸下边至图板边缘的距离略大于丁字尺的宽度。

2. 画底稿

（1）按制图标准的要求，先把图框线及标题栏的位置画好。

（2）根据图样的数量、大小及复杂程度选择比例、安排图位，定好图形的中心线。

（3）画图形的主要轮廓线，再由大到小、由整体到局部，直至画出所有轮廓线。

（4）画尺寸界限、尺寸线及其他符号等。

（5）进行仔细的检查，擦去多余的底稿线。

3. 用铅笔加深

（1）当直线与曲线相连时，先画曲线后画直线。加深后的同类图线，其粗细和深浅要保持一致。在加深同类线型时，要按照水平线从上到下，垂直线从左到右的顺序一次完成。

（2）各类线型的加深顺序是中心线、粗实线、虚线、细实线。

（3）加深图框线、标题栏及表格，并填写其内容及说明。

4. 描图

为了满足生产上的需要，常常要用墨线把图样描绘在硫酸纸上作为底图，再用来复制成蓝图。

描图的步骤与铅笔加深基本相同。但描墨线图，在线条画完后要等一定的时间墨才会干透。因此，要注意画图步骤，否则容易弄脏图面。

5. 注意事项

（1）画底稿的铅笔用 H~3H，线条要轻而细。

（2）加深粗实线的铅笔用 HB 或 B，加深细实线的铅笔用 H 或 2H。写字的铅笔用 H 或 HB；加深圆弧时所用的铅笔，应比加深同类型直线所用的铅笔软一号。

（3）加深或描绘粗实线时，要以底稿线为中心线，以保证图形的准确性。

（4）修图时，如果是用绘图墨水绘制的，应等墨线干透后，用刀片刮去需要修整的部分。

二、用铅笔绘制徒手草图

用绘图仪器画出的图，称为仪器图；不用仪器，徒手作出的图称为草图。草图是技术人员交谈、记录、构思、创作的有力工具。技术人员必须熟练掌握徒手作图的技巧。

草图的"草"字只是指徒手作图而言，并没有允许潦草的含义。草图上的线条也要粗细分明、基本平直、方向正确、长短大致符合比例、线型符合国家标准。画草图的铅笔要软些，如 B 或 2B，画水平线、竖直线和斜线的方法，如图 1-18 所示。

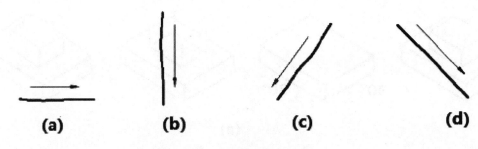

图1-18 徒手作直线

（a）西水平线；（b）西垂直线；（c）向左画斜线；（d）向右画斜线

画草图要手眼并用，作垂直线、等分一线段或一圆弧、截取相等的线段等，都是靠眼睛估计决定的。

徒手画平面图形时，其步骤与仪器绘图的步骤相同。不要急于画细部，先要考虑大局，即要注意图形长与高的比例，以及图形的整体与细部的比例是否正确。要尽量做到直线平直、曲线光滑、尺寸完整。初学画草图时，最好画在方格（坐标）纸上，图形各部分之间的比例可借助方格数的比例来解决。熟练后可逐步离开方格纸而在空白的图纸上画出工整的草图。

画物体的立体草图时，可将物体摆在一个可以同时看到它的长、宽、高的位置，如图1-19所示，然后观察与分析物体的形状。有的物体可以看成由若干个几何体叠加而成，如图1-19（a）中的模型，可以看作由两个长方体叠加而成。在画草图时，可先徒手画出底部一个长方体，使其高度方向竖直，长度和宽度方向与水平线成30°角，并估计其大小，定出其长、宽、高；然后在顶面上另加一长方体，见图1-19(a)。

有的物体，如图1-19（b）中的棱台，则可以看成从一个大长方体削去一部分而做成。这时可先徒手画出一个以棱台的下底为底、棱台的高为高的长方体。然后在其顶部画出棱台的顶面，并将下面的四个角连接起来。

画圆锥和圆柱的草图，如图1-19(c)所示，可先画一椭圆表示圆锥和圆柱的下底面，然后通过椭圆中心画一竖直轴线，定出圆锥或圆柱的高度。对于圆锥则从锥顶作两直线与椭圆相切，对于圆柱则画一个与下底面同样大小的上底面，并作两直线与上下椭圆相切。

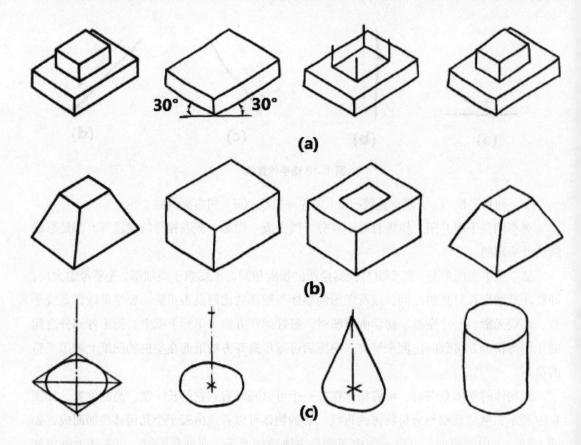

图 1-19 画物体的立体草图

画立体草图应注意以下三点：先定物体的长、宽、高方向，使高度方向竖直、长度方向和宽度方向各与水平线倾斜 30°；物体上相互平行的直线，在立体图上也应相互平行；画不平行于长、宽、高的斜线，只能先定出它的两个端点，然后连线。

第二章 投影法基本知识

投影法是学习工程制图的基础，故而，对投影法基本知识进行了解是极为重要的，本章便针对投影法的基础知识，从其概念、分类等基础内容入手做详细讲解。

第一节 投影的概念和投影法的分类

一、投影法的概念

在日常生活中，人们经常可以看到，物体在日光或灯光的照射下，会在地面或墙面上留下影子。人们对自然界的这一物理现象经过科学的抽象，逐步归纳概括，就形成了投影方法。把太阳光源抽象为一点，称为投射中心；把光线抽象为投射线；把物体抽象为形体（只研究其形状、大小、位置，而不考虑它的物理性质和化学性质的物体）；把地面抽象为投影面；假设光线能穿透物体，而将物体表面上的各个点和线都在承接影子的平面上落下它们的投影，从而使这些点、线的投影组成能够反映物体形状的投影图。这种把空间形体转化为平面图形的方法称为投影法。

要产生投影必须具备投射线、物体、投影面，这三个是投影的三要素。

二、投影法的分类

根据投射线之间的相互关系，可将投影法分为中心投影法和平行投影法。

1. 中心投影法

当投射中心 S 在有限的距离内，将所有的投射线都汇交于一点，这种方法所得到的投影，称为中心投影法，如图 2-1 所示。在此条件下，物体投影的大小，随物体距离投射中心 S 及投影面 P 的远近变化而变化，因此，用中心投影法得到物体的投影不能反映该物体的真实形状和大小。

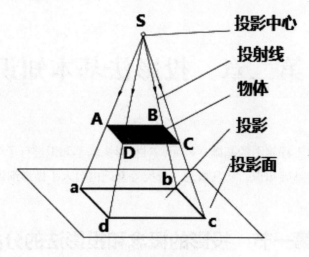

图 2-1 中心投影法

2. 平行投影法

把投射中心 S 移到离投影面无限远处，则投射线可看作互相平行，由此产生的投影称为平行投影。因其投射线互相平行，因此用这种方法得到投影的大小与物体离投影中心及投影面的远近均无关。

在平行投影法中，根据投射线与投影面之间是否垂直，又分为斜投影法和正投影法两种。投射线与投影面倾斜时称为斜投影法；投射线与投影面垂直时称为正投影法。

三、平行投影法的特性

1. 同素性

在通常情况下，若直线或平面不平行（垂直）于投影面，则点的投影仍是点，直线的投影仍是直线。这一性质称为同素性。

2. 显实性（真形性）

当直线或平面平行于投影面时，它们的投影反映实长或实形。

3. 积聚性

当直线或平面平行于投射线（同时也垂直于投影面）时，其投影积聚为一点或一直线。这样的投影称为积聚投影。

4. 类似性

当直线或平面倾斜于投影面时，直线在该投影面上的投影短于实长；而平面在该投影面上的投影要发生变形，比原实形要小，但与原形对应线段间的比值保持不变，所以在轮廓间的平行性、凸凹性、直曲等方面均不变。在这种情况下，直线和平面的投影不反映实长或实形，其投影形状是空间形状的类似形，因此把投影的这种性质称为类似性（或仿形性）。

5. 平行性

当空间两直线互相平行时，它们在同一投影面上的投影仍互相平行。

6. 从属性与定比性

点在直线上，则点的投影必定在直线的投影上。

第二节 正投影特性分析

正投影是由一点放射的投射线所产生的投影称为中心投影，由相互平行的投射线所产生的投影称为平行投影。平行投射线倾斜于投影面的称为斜投影，平行投射线垂直于投影面的称为正投影。

1. 正投影定义

物体在灯光或日光的照射下会产生影子，而且影子与物体本身的形状有一定的几何关系，这是一种自然现象，人们将这一自然现象加以科学的抽象，得出投影法则，并广泛用于艺术和工程制图之中。

人们把光源的出发点称为投影中心；投影中心与物体上各点的连线称为投影线；接受投影的面，称为投影面；过物体上各点的投影线与投影面的交点称为这些点的投影。

投影分为中心投影和平行投影两大类。

所有投影线都交于投影中心点的投影称为中心投影。透视图就是用这种投影方法绘制成的。

所有的投影线都互相平行的投影称为平行投影。平行投影又分为斜投影和正投影两种。当投影线倾斜于投影面时，称斜投影；投影线垂直于投影面时，称正投影。

2. 数学上的正投影定义

在物体的平行投影中，投影线垂直于投影面，则该平行投影称为正投影。

其特征：垂直于投影面的直线或线段的正投影是点或线段；垂直于投影面的平面图形的正投影是直线或直线的一部分。

3. 正投影特点

工程图样一般都是采用正投影。那正投影有什么特点呢？

根据投影方法我们可以看到，当直线段平行于投影面时，直线段与它的投影及过两端点的投影线组成一个矩形，因此，直线的投影反映直线的实长。当平面图形平行与投影面时，不难得出，平面图形与它的投影为全等图形，即反映平面图形的实形。

由此我们可得出：平行于投影面的直线或平面图形，在该投影面上的投影反映线段的实长或平面图形的实形，这种投影特性称为真实性。

同样，我们也看到，当直线垂直于投影面时，过直线上所有点的投影线都与直线本身重合，因此与投影面只有一个交点，即直线的投影积聚成一点。当平面图形垂直于投影面时，过平面上所有点的投影线均与平面本身重合，与投影面交于一条直线，即投影为直线。由此可得出：当直线或平面图形垂直于投影面时，它们在该投影面上的投影积聚成一点或一直线，这种投影特性称为积聚性。

我们还看到，当直线倾斜于投影面时，直线的投影仍为直线，但不反映实长；当平面图形倾斜于投影面时，在该投影面上的投影为原图形的类似形。注意：类似形并不是相似形，它和原图形只是边数相同、形状类似，圆的投影为椭圆。这种投影特性称为类似性。

第三节　投影体系的建立

1. 两面投影体系

（1）全等基本几何图形两面投影构型

按照视图表达清晰简便的基本原则，正四棱柱、正四棱锥、圆柱、圆锥、圆球及圆环等基本体的三面投影分别由等腰三角形、等腰直角三角形、矩形、圆形等基本几何图形组成，如图 2-2 所示。上述基本体的三面投影都存在两面投影为全等几何图形。其中，由两面投影为全等矩形、全等等腰三角形可分别得到基本体正四棱柱和圆柱（棱柱特例）、正四棱锥和圆锥（棱锥特例）两个解。以正四棱柱（两面投影为全等对称矩形）、正四棱锥（两面投影为全等对称等腰直角三角形）为基本体素基础进行发散构思可得到，如图 2-3 所示的组合体实例。因此，有必要展开利用上述基本体素并基于此类两面投影为全等几何图形的组合体进行构型分析。

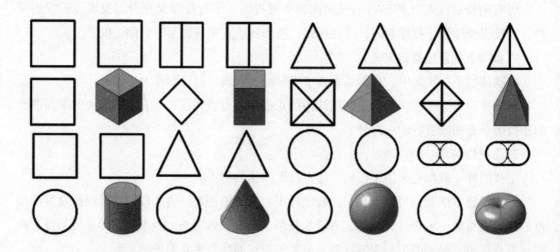

图 2-2 正四棱柱、正四棱锥、圆柱、圆锥、圆球及圆环的三面投影及示例

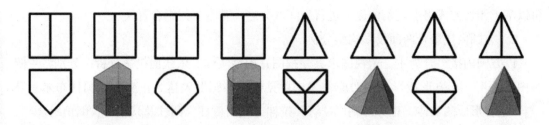

图 2-3 分别基于正四棱柱、正四棱锥全等两面投影发散构型示例

1）等腰三角形两面投影构型分析

以等腰三角形为主、俯视图求其左视图并构型实体。依线面投影分析，可直接得到四棱锥、三棱锥和圆锥等基本体；考虑到已给两视图的对称性和线面投影积聚性，再利用圆锥作为棱锥特例并通过截切与相切等方式，派生出 5 种四棱锥与圆锥的实体组合，将棱锥和圆锥建立了有机联系。

2）等腰直角三角形两面投影构型分析

以等腰直角三角形为主、俯视图求其左视图并构型实体。经线面分析并考虑线面投影积聚性，同样可得到三棱锥、四棱锥和截切圆锥等 7 种基本体；再根据等腰直角三角形自身几何特性可分析得到轴线分别过球心的三圆锥与该圆球相切的实体组合特例。

3）正方形两面投影构型分析

以正方形为主、俯视图求其左视图并构型实体。经常规线面投影分析可得正方体和圆柱等多种答案；此外，基于"管"拉伸成型方式得到由正方体与圆柱相切与倒角而成的 8 种实体组合，建立了圆柱与棱柱之间的联系。

4）圆形两面投影构型分析

以圆形为主、俯视图求其左视图并构型实体。经投影分析可得圆球、两等径圆柱正交组合基本体；再对该圆球与该基本体通过截切、倒角与相切等方式重新组合，派生出 6 种结构不同的组合体，使圆球与圆柱有机关联。

（2）全等方圆组合两面投影构型分析

1）方圆相切组合两面投影构型分析

以方圆相切组合为主、俯视图求其左视图并构型实体。依线面投影分析，存在 4 种情形：正方形投影每条边对应另一投影的圆，便得到分别被 3 组平行于各投影面的对称平面截切而成的圆球，顾及实体下后方部分构型的灵活性，还可以用四棱柱和四分之一圆柱替换，派生两个类似答案；正方形投影对应另一投影的圆，即两等径圆柱正交组合，亦派生两个类似答案；圆与圆、正方形与正方形投影分别对应并考虑可见性，得到由等腰直角三角形截面三棱柱与正交等径圆柱组合实体，同样派生两个类似答案；内径为零的四分之一圆环分别进行前后、上下对称组合，内部用相切方式叠加四棱柱而成的实体，亦派生两个类似答案。

由已给方圆相切两面投影的对称性，逻辑上推出所构型实体的三维对称性；也就是说，可以基于相切方式将上述实体逐一进行空间八分之一基本单元组合置换。

2）方圆内接组合两面投影构型分析

以方圆内接组合为主、俯视图求其左视图并构型实体。依线面投影分析，分别将主俯视图的圆形、正方形投影两两对应并考虑可见性，将圆形表达为正交等径圆柱布尔运算"与"组合形成的实体，正方形则以"管"拉伸方式由棱柱、圆柱及其相切、倒角组合。

2. 三面投影体系

（1）如何对三面立体投影进行智能化控制

"正方体"是一个最特殊的几何形体，各棱线之间都为90°，面与面棱与棱两两互相垂直。那么现在从"正方体"研究入手，使用单片机。设想通过单片机编程对点线面的三面立体投影进行智能化的控制，就达到了预期设想目标。同时也可以由"正方体"的投影逐步向"长方体"组合体进行推演、过渡。由特殊到一般，这样就可以做到一举两得的效果了。

（2）利用"正方体"及立体投影模型培养学生空间想象力

"正方体"的三面空间投影均为正方形，即"口"字形。就是把正方形的投影进行其空间形体的实体展示。首先由一点投影到一个平面上，再由一条直线投影到一个平面上，最后一个立体图形投影到空间平面上，形成一个立体的点线面的空间投影。比传统的三面立体投影更加的直观性、形象性、具体性。

传统的教学模式是由"基本体"联想到"组合体"。但这对于理解能力差和缺乏空间想象能力的学生来说还是似懂非懂。而利用"正方体"进行智能化控制的三面立体投影教辅模型就可以解决传统教学的不足之处。运用实体的教辅模型更能激发学生的学习乐趣，学生对常用形体的投影进行灵活记忆、活学活用。使用实体模型进行教育教学的方法更大限度地开发学生的空间想象能力，适应学生各阶段学习发展的历程，进一步培养学生的发散性思维和创新意识。

（3）将"正方体"实体放入三面立体投影模型中，以达到具象化的目的

首先，运用椴木层板制作一个 $45 \times 45cm$，厚 5mm 的三面立体投影的模型板，使用亚克力板做一个棱长为 15cm 的正方体实体模型。将正方体通过模型支架放置于三面立体模型投影板三维空间中心位置。通过中间正方体直接投影在模型板上能够直观地观察正方体的各个面在模型板上的投影，在教育教学过程中，教师通过这样实体投影模型的展示，学生能够更加具体而又形象地观察投影的全过程。

（4）配合单片机智能化控制将枯燥的学习的过程变得有趣

在单片机中编写程序，通过一系列的程序指令控制在投影板上布设的灯带以及正方体端点处放置的激光二极管的灯光效果。把单片机和灯带等相关设备灯与实体的"正方体"投影模型进行整合，用单片机的程序对灯带和激光二极管的灯光效果进行控制，先是激光二极管的灯亮投影，然后是线和面在模型板上的直接立体投影。通过单片机实现对三面立

体投影模型智能化控制。整个投影过程与传统板书教学方式不同，只需要打开开关，三面立体投影便会栩栩如生地自动展示出来。教学中直接的展示胜过传统的教课方法，更能打开学生学习思维和提高学生的空间想象能力。而实体模型配合单片机智能化控制系统将枯燥的学习的过程变得更加生动有趣。

在智能化的点、线、面的三面立体投影教学过程中，学生通过观察立体的实物投影模型，更加清楚地了解各种点、线、面在立体面投影后的实物形状和位置特征。在后续建筑识图教学中，运用此模型来讲解，化抽象为具体，从感性认识到理性认识、从投影到实物，实现从"三维—二维—三维"的空间转换。提高学习兴趣，增强学习自信，逐步培养空间想象力，提高课堂的教学效果，创新教学模式，推动教学方式的变革，促进新型化教育教学的深入发展。

第四节　物体的三面投影图

1. 概述

工程上绘制图样的方法主要是正投影法。但用正投影法绘制一个投影图来表达物体的形状往往是不够的。如图 2-4 所示，三个形状不同的物体在投影面上具有相同的投影，单凭这个投影图来确定物体的唯一形状，是不可能的。

如果对一个较为复杂的形体，即便是向两个投影面做投射，其投影也只能反映它的两个面的形状和大小，亦不能确定物体的唯一形状。如图 2-5 所示的三个形体，它们的水平投影、侧面投影相同，要凭这两面的投影来区分它们的形状，是不可能的。因此，若要使正立投影图唯一确定物体的形状结构，仅有一面或两面投影是不够的，必须采用多面投射的方法，为此，人们设立了三面投影体系。

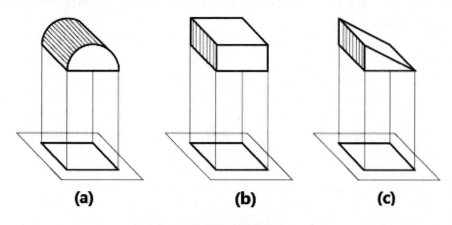

图 2-4 不同形体的单面投影

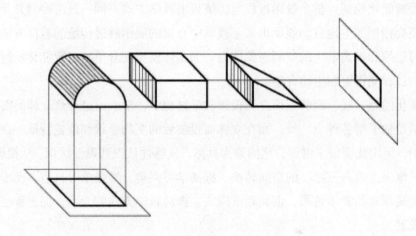

图 2-5 不同形体的两面投影

2. 三面投影体系的建立

将三个两两互相垂直的平面作为投影面，组成一个三面投影体系，如图 2-6 所示。其中水平投影面用 H 标记，简称水平面或 H 面；正立投影面用 V 标记，简称正立面或 V 面；侧立投影面用 W 标记，简称侧面或 W 面。两投影面的交线称为投影轴，H 面与 V 面的交线为 OX 轴，H 面与 W 面的交线为 OY 轴，V 面与 W 面的交线为 OZ 轴，三条投影轴两两互相垂直并汇交于原点 O。

3. 三视图的形成

用正投影法将物体向投影面投射所得到的图形，称为视图。

将物体放置于三面投影体系中，并注意安放位置适宜，即把形体的主要表面与三个投影面对应平行，用正投影法进行投射，即可得到三个方向的正投影图。从前向后投射，在 V 面得到的正面投影图，叫主视图；从上向下投射，在 H 面上得到的水平投影图，叫俯视图；从左向右投射，在 W 面上得到的侧面投影图，叫左视图。这样就得到了物体的主、俯、左三个视图。

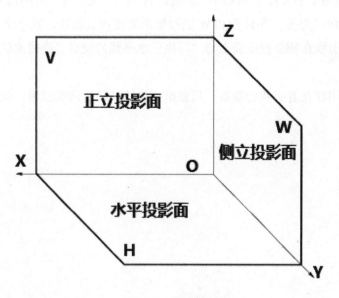

图 2-6 三面投影体系

4.三视图之间的投影关系

在三面投影体系中，形体 X 轴方向的尺寸称为长度，Y 轴方向的尺寸称为宽度，Z 轴方向的尺寸称为高度。在形体的三面投影中，水平投影图和正面投影图在 X 轴方向都反映物体的长度，它们的位置左右应对正，即"长对正"；正面投影图和侧面投影图在 Z 轴方向都反映物体的高度，它们的位置上下应对齐，即"高平齐"；水平投影图和侧面投影图在 Y 轴方向都反映物体的宽度，这两个宽度一定要相等，即"宽相等"。因此有：

主、俯视图长对正；

主、左视图高平齐；

俯、左视图宽相等。

这称为"三等关系"，也称"三等规律"。它是形体的三视图之间最基本的投影关系，是画图和读图的基础。应当注意，这种关系无论是对整个物体还是对物体局部的每一点、线、面均符合。

5.三视图之间的位置关系

在看图和画图时必须注意，以主视图为准，俯视图在主视图的正下方，左视图在主视图的正右方。画三视图时，一般应按此位置配置，且不需标注其名称。

6.画三视图的方法与步骤

绘制形体的三视图时，应将形体上的棱线和轮廓线都画出来，并且按投影方向，可见的线用粗实线表示，不可见的线用细虚线表示，当细虚线和粗实线重合时只画出粗实线。

绘图前，应先将反映物体形状特征最明显的方向作为主视图的投射方向，并将物体放正，然后用正投影法分别向各投影面投影。先画出正面投影图，然后根据"三等关系"画出其他两面投影。"长对正"可用靠在丁字尺工作边上的三角板，将 V 面和 H 面两投影对正。

"高平齐"可以直接用丁字尺将 V 面和 W 面两投影拉平。"宽相等"可用过原点 O 的 45°斜线，利用丁字尺和三角板，将 H 面和 W 面投影的宽度相互转移，或以原点 O 为圆心作圆弧的方法，得到引线在侧立投影面上与"等高"水平线的交点，连接关联点而得到侧面投影图。

三面投影图之间存在着必然的联系。只要给出物体的任意两面投影，就可求出第三面投影。

第三章 点、直线和平面的投影分析

物体可以看作是由点、线、面等基本几何元素构成的。本章主要介绍点、直线和打平面的投影规律及其空间相对位置关系等。

第一节 点的投影

点是构成空间形体的最基本的元素。画法几何学中的点是抽象的概念，没有大小和质量，只有空间位置。

一、出点在两面投影体系、三面投影体系中的投影

根据初等数学的概念，两个坐标不能确定空间点的位置。因此，点在一个投影面上的投影，不能确定该点的空间位置，即单一投影面上的投影，可以对应无数的空间点。我们需设置两个互相垂直的正立投影面 V 和水平投影面 H（图 3-1）。两投影面将空间划分为 4 个区域，每个区域称为分角，按逆时针的顺序称之为第一、二、三、四分角，在图中用罗马字母 I、II、III、IV 来表示。

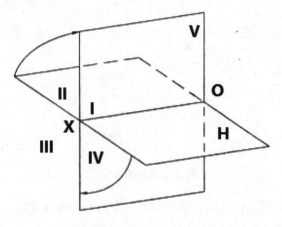

图 3-1 相互垂直的两投影面

1. 点的两面投影

我国工程制图标准规定：物体的图样，应按平行正投影法绘制，并采用第一分角画法。

如图 3-2（a）所示，过点 A 分别向投影面 V、H 作垂线，即投射线，与 V、H 面分别交于 a'、a。a' 称为空间点 A 的正面投影，简称 V 面投影，其坐标是（x，z）；a 称为空间点 A 的水平投影，简称 H 面投影，其坐标可用（x，y）表示。Aa'a 构成的平面与 OX 轴的交点为 ax。故我们可以用（x，y，z）表示一个空间点的三维坐标。

前面所描述的点以及投影仍然是在三维空间中，而图纸是二维空间（平面），我们将点的两面投影体系展开即得到空间点 A 的两面投影图，如图 3-2（b）所示。投影面没有边界，a' 的大小并没有什么意义，因此再去掉投影面的边框，如图 3-2（c）所示，这就是我们通常所用的点的两面投影图。

（1）点的两面投影特性

从图 3-2（a）中可知，Aa⊥H 面，Aa'⊥V 面，则平面 Aa'axa⊥H、V 面，也垂直于投影轴 OX。展开后的投影图上，a、ax、a' 三点成为一条垂直于 OX 的直线。由于 Aa'axa 是一个矩形，aax=Aa'，a'ax=Aa。由此可以得出点在两面投影体系中的投影特性为：点的正面投影和水平投影的连线，垂直于相应的投影轴 OX 轴（aa'⊥OX）；点的正面投影到投影轴 OX 的距离等于空间点到水平投影面 H 的距离；点的水平投影到投影轴 OX 的距离等于空间点到正投影面 V 的距离（a'ax=Aa，aax=Aa'）。

注意观察空间点的坐标（x，y，z）与点到投影面的距离之间的关系。我们可以用坐标值来表示点到面的距离：空间点到 H 投影面的距离可用 z 坐标表示；空间点到 V 投影面的距离可用 y 坐标表示；空间点到 W 投影面的距离可用 x 坐标表示。

以上特性适合于其他分角中的点。

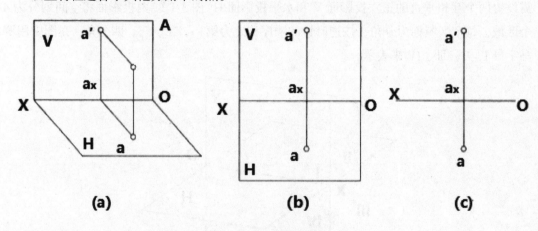

图 3-2 点的两面投影

该投影规律正是我们在作点的投影图中的一个基本原理和方法。

（2）点在其他分角中的投影

在实际的工程制图中，通常把空间形体放在第一分角中进行投影，但在画法几何学中应用图解法时，常常会遇到需要把线或面等几何要素延长或扩大的情况，因此就很难使它们始终都在第一分角内。在这里我们简单地讨论点在其他分角的投影情况。

图 3-3 所示的是点在第一、二、三、四分角内的投影情况。投影的原理以及投影特性与前面所讲述的点在第一分角的投影完全一样，投影面的展开也与前面所讲的一样，得到的两面投影图对于各分角的点的区别如下：A 点在第一分角中，其正面投影和水平投影分别在 OX 轴的上方和下方；B 点是属于第二分角中的点，其正面投影和水平投影均在 OX 轴的上方；D 点在第三分角中，其情况与第一分角正好相反，正面投影在 OX 轴的下方，水平投影在 OX 轴的上方；而第四分角的点 C，则与第二分角的点 B 相反，两个投影均在 OX 轴的下方。显然，两个投影均在投影轴一侧，对完整清晰地表达物体是不利的。因此，ISO 标准、我国和一些东欧国家多采用第一角投影的制图标准，美国、英国以及一些西欧国家采用了第三角投影制图标准。

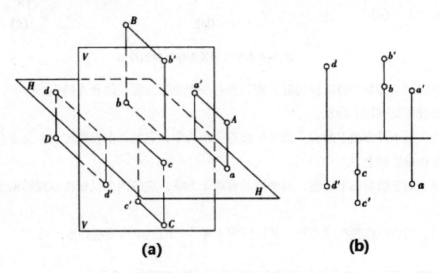

(a)　　　　　**(b)**

图 3-3 点在四个分角中的投影

2. 点的三面投影

虽然用两面投影已经可以确定空间点的位置，但在表达有些形体时，如前所述，只有用三面投影才能表达清楚。因此，我们在这里讨论点的三面投影。

三面投影体系是在两面投影体系的基础上，加上一个与 H、V 面均垂直的第三个投影面 W（称侧立投影面，简称侧投影面或 W 投影面），如图 3-4（a）所示，V、H、W 三面构成三面投影体系。

三个投影面彼此垂直相交，它们的交线统称为投影轴。实际上，每两个投影面均可构成两面投影体系。V 面和 H 面的交线为 OX 轴，H 面和 W 面的交线为 OY 轴，V 面和 W 面的交线为 OZ 轴，投影轴 OX、OY、OZ 互相垂直交于点 O，该点称为原点。

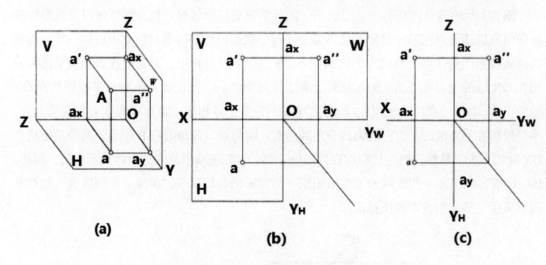

图 3-4 点在三面投影体系中的投影

当空间点为某个特殊位置时，则至少有一个坐标为零。结合点的坐标来看，特殊点的坐标及投影具有以下特点：

（1）属于投影面上的点，其坐标必有一个为零，它的一个投影与它本身重合，而另一个投影在投影轴上。

（2）属于投影轴上的点，其坐标必有两个为零，它的两个投影都在投影轴上，并与该点重合。

（3）当点的位置在原点时，其坐标均为零，它的三个投影都在原点处。

二、两点的相对位置关系及两点的无轴投影

两点之间的相对位置可以用两点之间的坐标差来表示，即两点距投影面 W、V、H 的距离差，如图 3-5 中 XA-XB、YA-YB、ZA-ZB。因此，已知两点的坐标差，能确定两点的相对位置，或者已知两点相对位置以及其中一个点的投影，可以求出另一个点的投影。按投影特性我们知道，点的 X 坐标值增大，该点向左移，反之，向右移；Y 坐标值增大，点向前移，反之，向后移；Z 坐标值增大，点向上移，反之，向下移。从图 3-5 中可以看出，A 点在 B 点的上、左、前方，也可以说 B 点在 A 点的下、右、后方。如果两个点相对位置相对于某投影面处于比较特殊的位置，两点处于一条投射线上，则在该投影面上两个点的投影相互重合，我们称这两个点为该投影面的重影点。如图 3-6 中，A 点在 C 点的正前方，则 A、C 两点在 V 面上的投影相互重合，我们把 A、C 两点称为 V 面的重影点。同理，如两个点为 H 面的重影点，则两点的相对位置是正上或正下方；如两个点为 W 面的重影点，则两点的相对位置是正左或正右方。按照前面所述，投射线方向总是由投影面的远处通过物体向投影面进行投射的，因此对于重影点，就有一个可见性的问题。显然，对于 V 面来说，A 点的投影 a′ 可见，而 C 点的投影 c′ 不可见。为了表示可见性，在不可

见投影的符号上加上括号（），如（c'）。判别可见性的原则是：前可见后不可见，上可见下不可见，左可见右不可见。即相对于两点来说距投影面远的可见，距投影面近的不可见。从直角坐标关系来看，重影点实际上是有两组坐标相等（如图 3-6），A、C 两点的 X、Z 坐标相等，只有在 y 方向有坐标差。

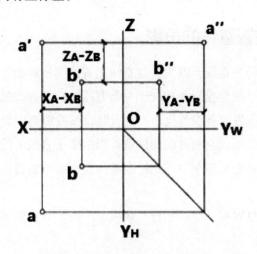

图 3-5 两点的相对位置

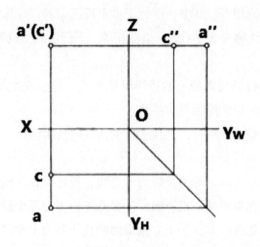

图 3-6V 面的重影点

第二节　直线的投影

一、各种位置直线的投影

直线的投影一般仍为直线。因为通过直线上各点向投影面作正投影时，各投射线在空间形成一个平面，该平面与投影面相交于一条直线，这条直线就是该直线的投影。只有当直线平行于投影方向或者说直线与投影面垂直时，其投影则积聚为一点。

从几何学中我们知道，空间直线的位置可以由属于直线上的两点来决定，即两点决定一条直线。因此，在画法几何学中，直线在某一投影面上的投影由属于直线的任意两点的同面投影来决定。

直线与投影面的位置有三类：平行、垂直、一般。与投影面平行或者垂直的直线，称为特殊位置直线。

1. 投影面的平行线

平行于某一投影面而倾斜于其余两个投影面的直线称为投影面平行线，投影面平行线的所有点的某一个坐标值相等。其中，平行于水平投影面的直线称为水平线，z 坐标相等；平行于正立投影面的直线称为正平线，y 坐标相等；平行于侧立投影面的直线称为侧平线，x 坐标相等。

（1）直线在它所平行的投影面上的投影反映实长（有全等性），并且这个投影与投影轴的夹角等于空间直线对相应投影面的倾角。

（2）其余两个投影都小于实长，并且平行于相应的投影轴。

2. 投影面的垂直线

垂直于某一投影面的直线，称为投影面垂直线，投影面垂直线上的所有点有两个坐标值相等。显然，当直线垂直于某一投影面时，必然平行于另两个投影面。其中，垂直于水平投影面的直线称为铅垂线；垂直于正立投影面的直线称为正垂线；垂直于侧立投影面的直线称为侧垂线。

投影面垂直线的投影特性如下：直线在它所垂直的投影面上的投影成为一点（积聚性）；其余两个投影垂直于相应的投影轴，并且反映实长（显实性）。

二、直线上的点

1. 直线上的一般点

空间点与直线的关系有两种情况：点属于直线；点不属于直线。当点属于直线时，则有以下投影特性：该点的各投影一定属于这条直线的各同面投影；点将直线段分成一定的比例，则该点的各投影将直线段的各同面投影分成相同的比例，这条特性称为定比特性。

一般来说，判断点是否属于直线，只需观察两面投影就可以了。

2. 直线上的迹点

直线延长与投影面的交点称为直线的迹点，其中与 H 面的交点称为水平迹点（常用 M 表示），与 V 面的交点称为正面迹点（常用 N 表示），与 W 面的交点称为侧面迹点（常用 S 表示）。

因为迹点是直线和投影面的公共点，所以它的投影具有两重性：属于投影面的点，则它在该投影面上的投影必与它本身重合，而另一个投影必属于投影轴；属于直线的点，则它的各个投影必属于该直线的同面投影。

三、两直线的相对位置

两直线在空间所处的相对位置有三种：平行、相交和相叉（异面）。以下分别讨论它们的投影特性。

1. 平行的两直线

根据平行投影的特性可知：两直线在空间相互平行，则它们的同面投影也相互平行。

对于处于一般位置的两直线，仅根据它们的两面投影互相平行，就可以断定它们在空间也相互平行。但对于特殊位置直线，有时则需要画出它们的第三面投影，来判断它们在空间的相对位置。

如果相互平行的两直线都垂直于某一投影面，则在该投影面上的投影都积聚为两点，两点之间的距离反映出两条平行线在空间的真实距离。

2. 相交的两直线

所有的相交问题都是一个共有的问题，因此，两直线相交必有一个公共点即交点。由此可知：两直线在空间相交，则它们的同面投影也相交，而且交点符合空间点的投影特性。

同平行的两直线一样，对于一般位置的两直线，只要根据两面投影的相对位置，就可以判别它们在空间是否相交。但是，当其中一条是投影面的平行线时，有时就需要看一看它们的第三面投影或通过直线上点的定比性来判断。

当两相交直线都平行于某投影面时，该相交直线的夹角在投影面上的投影反映出夹角的真实大小。

3. 相叉的两直线

在空间里既不平行也不相交的两直线，就是相叉的两直线。由于这种直线不能同属于一个平面，所以在立体几何中把这种直线称为异面直线。

在两面投影图中，相叉两直线的同面投影可能相交，要判断两条直线是相交的还是相叉的，就要判断它们的同面投影交点是否符合点的投影规律。

四、直角投影定理

两相交直线（或两相叉直线）之间的夹角，可以是锐角，也可以是钝角或直角。一般来说，要使一个角不变形地投射在某一投影面上，必须使此角的两边都平行于该投影面。通常情况下，空间直角的投影并不是直角，反之，两条直线的投影夹角为直角的空间直线之间的夹角一般也不是直角。但是，对于相互垂直的两直角边，只要有一边平行于某投影面，则此直角在该投影面上的投影仍旧是直角。

一边平行于投影面直角的投影定律，即当构成直角的两条直线中，有一直线是投影面的平行线，则此两直线在该投影面上的投影仍然反映成直角；反之，如果两直线的同面投影构成直角，且两直线之一是该投影面的平行线，则可断定该两直线在空间相互垂直。

第三节　平面的投影

平面的投影法表示有两种：一种是用点、线和平面的几何图形的投影来表示，称为平面的几何元素表示法；另一种是用平面与投影面的交线来表示，称为迹线表示法。

一、平面的投影表示法

1. 用几何元素表示平面

根据初等几何可以知道，决定一个平面的最基本的几何要素是不在同一直线上的三点。因此，在投影图中，可以利用这一组几何元素的组合的投影来表示平面的空间位置。

不属于同一直线的三点；一条直线和该直线外的一点；相交二直线；平行二直线；任意平面图形。

欲在投影图上确定出一个平面，只需给出上述各组元素中任何一组投影就可以了。显然，上述各组元素是可以相互转换的。但无论怎样转换，所转换的平面在转换前后都是同一平面，只是形式不同而已。

2. 用平面的迹线表示平面

根据前面的讲述可知，一条直线与投影面的交点称为迹点。一平面与投影面相交，其交线称为平面的迹线。平面与 V 面相交的交线称为正面迹线（常用 PV 表示），与 H 面相交的交线称为水平迹线（常用 PH 表示），与 W 面相交的交线称为侧面迹线（常用 PW 表示）。相邻投影面的迹线交投影轴于一点，此点称为迹线的集合点，分别用 PX、PY、PZ 表示。迹线通常用粗实线表示；当迹线用作辅助平面求解画法几何问题时，迹线则用细实线（或者两端是粗线的细线）表示。

二、各种位置的平面的投影

根据空间平面与投影面的相对位置的不同，可分为特殊位置与一般位置两类共7种。

特殊位置平面。对一个投影面平行或者垂直的平面为特殊位置平面，简称特殊面：空间平面与投影面之一垂直称为投影面垂直面，分别有正垂面、铅垂面、侧垂面；空间平面与投影面之一平行称为投影面平行面，分别有正平面、水平面、侧平面。

一般位置平面。空间平面既不垂直又不平行任一投影面，与投影面处于倾斜状态，称为一般位置平面。

1. 特殊位置平面

（1）投影面垂直面

垂直于某一个投影面的平面称为投影面垂直面。其中，垂直于 H 面的平面称为铅垂面；垂直于 V 面的平面称为正垂面；垂直于 W 面的平面称为侧平面。

投影面垂直面的投影特性如下：

1）平面在它所垂直的投影面上积聚为直线，此直线与投影轴夹角，即为空间平面与同轴的另一个投影面的夹角。

2）平面在它所垂直的投影面上的投影与它的同面迹线重合。

3）平面在另两个投影面上的投影是小于实形的类似形，相应的两条迹线分别垂直于所垂直的投影面的两个投影轴。

（2）投影面平行面

平行于某一个投影面的平面称为投影面平行面。其中，平行于 H 面的平面称为水平面；平行于 V 面的平面称为正平面；平行于 W 面的平面称为侧平面。

投影面平行面的投影特性如下：

1）平面在其所平行的投影面上的投影反映实形（显实性）。

2）平面在另两投影面上的投影积聚为直线，即有积聚性，直线分别平行于相应的投影轴。

3）投影具有积聚性平面的迹线表示法。

由投影面平行面的投影特性可知，投影面平行面可视为一种投影面垂直面的特殊情况，那么，特殊位置平面均可称为投影面的垂直面。在投影图中表示投影面的垂直面，在今后是常会遇到的。如果不考虑垂直面的几何形状，只考虑其在空间的位置，则在投影图中，仅用垂直面有积聚性的那个投影（是一条直线），即可以充分表示该平面。事实上，垂直面扩大后，它与所垂直的投影面的迹线和该直线（该平面的积聚投影）重合。

2. 一般位置平面

空间平面对三个投影面都倾斜的平面称为一般位置平面。若用迹线表示一般位置平面，则平面各条迹线必与相应的投影轴倾斜。迹线虽在投影图的位置形象地反映此平面在空间与投影面的倾斜情况，但各迹线与投影轴的夹角并不反映平面与投影面的倾角，且相邻投影面的迹线相交于相应投影轴的同一点。

三、平面上的直线和点

1. 属于一般位置平面的直线和点

（1）取属于平面的直线

由初等几何可知，一直线若过平面上的两点，则此直线属于该平面，而这样的点必是平面与直线的共有点，将这两个共有点的同名投影连线即为平面上的直线的投影，如图 3-7（a）中的 M、N 点，以及由这两点连成的直线 MN（此时直线 MN 属于平面）；或者一直线若过平面上的一点且平行于平面上的一条直线，此直线必在平面上。在投影中，这两条直线同名投影相互平行，如图 3-7（b）所示的直线 KD。直线 KD 过 K 点，且平行于 AB，此时直线 KD 属于平面。平面上的直线的迹点，一定在该平面上的同名迹线上。如图 3-7（c）所示，M、N 点分别在 QH、QV 两条迹线上，此时直线 MN 属于平面。

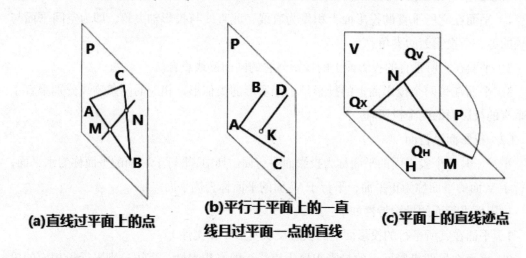

(a)直线过平面上的点　　(b)平行于平面上的一直线且过平面一点的直线　　(c)平面上的直线迹点

图 3-7 平面取点、取线的几何条件

（2）取属于平面的点

若点在平面上的某一直线上，则点属于此平面。平面上点的正投影，必位于该平面上的直线的同名投影上，所以欲在平面内取点，应先在平面上取一直线，再在该直线上取点。如果点在平面上，则该点必在平面上的某一直线上。

2. 属于特殊位置平面的点和直线

属于特殊位置平面的点和直线，它们至少有一个投影必重合于具有积聚性的迹线；反之，若直线或点重合于特殊位置平面的迹线，则点与直线属于该平面。

3. 属于平面的投影面平行线

属于平面的投影面的平行线，不仅与所在平面有从属关系，而且应符合投影面的平行线的投影特征。即在两面投影中，直线的其中一个投影必定平行于投影轴，同时在另一面的投影平行于该平面的同面迹线。

平面内的投影面的平行线可分为平面内的正平线、平面内的水平线及平面内的侧平线。

四、平面上的最大斜度线

平面上与该平面在投影面迹线垂直的直线即为平面上的最大斜度线，其几何意义在于测定平面对投影面的倾角。由于平面内的投影面平行线平行于相应的同面迹线，所以最大斜度线必定垂直于平面上的投影面平行线。垂直于平面上投影面水平线的直线，称为 H 面的最大斜度线；垂直于平面上投影面正平线的直线，称为 V 面的最大斜度线；垂直于平面上投影面侧平线的直线，称为 W 面的最大斜度线。

平面上的最大斜度线对投影面的倾角最大。

平面对投影面的倾角等于平面上对该投影面的最大斜度线对该投影面的倾角。如某平面的水平倾角 α 等于该平面上对 H 面的最大斜度线的水平倾角 α，若平面的最大斜度线已知，则该平面唯一确定。

欲求平面与投影面的夹角，要先求出最大斜度线，而最大斜度线又垂直于平面内的平行线（平面上的最大斜度线的正投影，必垂直于该平面的同名迹线，或垂直于该平面上的投影面平行线的同名投影）。得到了最大斜度线后，再用直角三角形法求最大斜度线与对应投影面的夹角即可。

第四节　直线与平面的相对位置

1. 直线与平面相交

（1）直线与平面相交的特殊情况

直线与平面的交点是两者的共有点，交点既属于平面的积聚投影，又属于直线的同面投影。考虑平面为不透明且具有一定边界的情况，对直线会产生部分遮挡，交点永远是可见点，同时也是直线投影可见与不可见部分的分界点。

当直线与平面相交处于特殊情况时，首先利用积聚性。利用面的积聚性在线上定点，或利用线的积聚性在面内取点。

1）投影面垂直线与一般位置平面相交

由于直线积聚为一点，直线上所有点的该面投影都在该点，当然交点的同面投影也是该点。交点是直线与平面的共有点，故交点也属于平面。于是，利用直线的积聚性，得到交点的该面投影，再用平面上取点的方法，作出此点的另一面投影。

2）一般位置直线与特殊位置平面相交

特殊位置平面至少有一个投影具有积聚性，所以交点的同面投影就是平面的积聚投影和直线同面投影的交点。根据交点属于直线作出其另一投影。为了更好地体现立体感，讨论相交问题时，将平面视为不透明，直线被遮挡部分需要用虚线来表示，此时还需利用交叉两直线重影点来判别可见性。交点总是可见的，且交点是可见与不可见的分界点。

（2）一般位置直线和一般位置平面相交

一般位置直线与一般位置平面的投影均无积聚性，所以不能直接确定交点的投影，需要先作辅助平面。

如图 3-8 所示，交点 K 属于平面 OABC，即属于平面内的一条直线 MN，MN 与已知直线 DE 确定一平面 P。换言之，交点 K 属于包含已知直线 DE 的辅助平面 P 与已知平面 OABC 的交线 MN。故已知直线 DE 与两平面交线 MN 的交点为一般位置直线与一般位置平面的交点 K。为便于作图，一般以特殊位置平面为辅助平面。因此，求一般位置直线与一般位置平面交点的空间作图步骤如下：

含已知直线 DE 作一辅助投影面垂直平面 P。作出辅助平面 P 与已知平面△ ABC 的交线 MN；求得已知直线 DE 与平面交线 MN 的交点 K，即为直线 DE 与平面△ ABC 的交点。

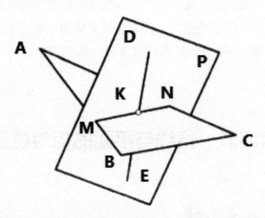

图 3-8 一般位置直线与一般位置平面相交

2. 直线和平面垂直

（1）几何条件及其投影特点

直线垂直平面的几何条件是：若直线垂直于属于平面的任意两条相交直线，则该直线必与平面垂直。

为使作图简便，应该选择属于平面的投影面平行线，可以直接在投影图中反映垂直关系，运用直角投影定律解题。根据初等几何原理，若直线垂直于平面，则该直线必垂直于属于平面的所有直线，当然也包括属于平面的水平线和正平线。所以，若直线垂直于平面，则该直线必垂直于属于平面的水平线、正平线以及平面的迹线。

（2）投影作图

1）特殊情况——直线垂直于特殊位置平面

直线垂直于特殊位置平面，则直线一定是特殊位置直线，该平面具有积聚性的投影与其垂线的同面投影必然垂直。例如，垂直于铅垂面的直线一定是水平线，垂直于正垂面的直线一定是正平线，垂直于侧垂面的直线必是侧平线。简而言之，某投影面垂直面的垂线一定是该投影面的平行线。

2）一般情况——一般位置直线与平面垂直

一般位置直线与一般位置平面垂直时，投影图没有明显的特征。因此无论作直线垂直于平面或作平面垂直于直线，还是判断直线与平面是否垂直的问题，都必须先作属于平面的水平线和正平线，然后归结为一般位置直线与投影面平行线相垂直的问题。

第五节　平面与平面的相对位置

1. 平面与平面相交

（1）一般位置平面与特殊位置平面相交

两平面的相交问题重点在于求得交线并判定可见性。

两平面的交线是直线，是相交两平面的共有线，只要求得属于交线的任意两点，直接连接即得。对于闭合的平面多边形，仍然存在着各边线的虚实判断，根据两平面关系不同，可以分为全交和互交两种形式，如图图3-9示所。平面Q全部穿过平面P，称为全交，交线的端点全部出现在平面Q的边线；P、Q两平面相互咬合，交线端点分别出现在两平面各自的一条边线上，称为互交。

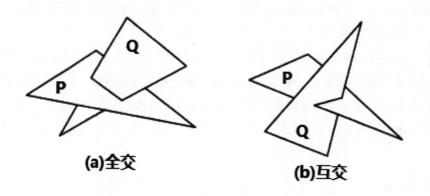

(a)全交　　　**(b)互交**

图3-9 平面图形的全交和互交

（2）两个一般位置平面相交

一般位置平面的投影均无积聚性，所以必须通过辅助作图才能求得其交线。通常引用合适的辅助面，采用辅助面和已知两平面三面共点的原理作交线。

1）线面交点法

两平面的投影相互重叠，通常用线面交点法求交线。一平面图形的边线与另一平面的交点，是两平面的共有点，也是属于交线的点，两平面的交线为直线，只要求得两个这样的交点并连接它们，便可获得两平面的交线。

2）线线交点法

线线交点法又称辅助平面法。当相交两平面投影图形相互不重叠时，其交线不会在两图形的有限范围内，此时可用三面共点原理，通过作辅助平面求其交线。

为便于作图，辅助平面一般都选特殊位置平面，尤其是投影面平行面。

两相交平面投影图形相互不重合，在有限范围内两者并不相交，故所求交线相当于将两平面图形扩大后的交线位置。

2. 平面与平面垂直

（1）几何原理

若一直线垂直于某一定平面，则包含此直线的所有平面都垂直于该定平面。同理，若两平面相互垂直，则自属于甲平面的任意一点向乙平面所作垂线一定属于甲平面。反之，若过属于甲平面的任意一点向乙平面所作垂线不属于甲平面，则甲、乙两平面不垂直。

（2）投影作图

1）特殊情况

同一投影面的垂直面与平行面相互垂直，如铅垂面与水平面必定相互垂直，正垂面与正平面必定相互垂直。

若两个同一投影面的垂直面相互垂直，则两者积聚性投影（迹线）相互垂直，且交线为该投影面的垂直线，如图 3-10 所示。例如，两正垂面相互垂直，则它们具有积聚性的正面投影相互垂直，交线为正垂线；两铅垂面相互垂直，则它们具有积聚性的水平投影相互垂直，交线为铅垂线。

注意：此处所指相互垂直的两特殊位置平面均为同一投影面的特殊平面。例如，两铅垂面相互垂直，或铅垂面与水平面相互垂直，都是相对于 H 投影面的特殊位置平面。绝不可能有铅垂面垂直于正垂面这类情况，因为垂直于铅垂面的直线只能是水平线，而包含水平线不可能作出正垂面。

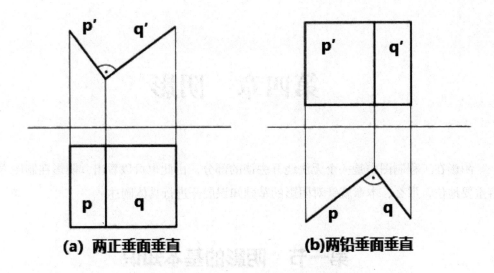

(a) 两正垂面垂直　　　(b)两铅垂面垂直

图 3-10 两同一投影面的垂直面相互垂直

2）一般情况

直线与平面均无特殊位置时，不能直接从投影图中寻找积聚投影，只能利用辅助的水平线和正平线来作图。

第四章　阴影

阴影在工程制图中是一个无法绕开去谈的部分，由此也可以看出，阴影在制图方面具有重要地位，那么，本章就针对阴影的基础知识展开进行具体阐述。

第一节　阴影的基本知识

一、阴影的形成

1. 几个基本概念

阳面：被光线照射到的形体表面。

阴面：未被光线照射到的形体表面。

阴线：阳面与阴面的分界线。

影区：由于物体不透明而使光线受到阻挡，使物体一侧的部分空间形成幽暗的区域。

落影：原来迎光的阳面处于影区内，而形成阴暗部分，称为该物体在这些阳面上的落影（简称影或影子）。

影线：落影的轮廓线。

承影面：影所在的阳面，不论是平面或曲面，都称为承影面。

阴影：阴和影合并称为阴影。

阴点：阴线上的点称为阴点。阴点连接成为阴线。

影点：从阴点引出假想的光线与承影面相交的交点称为影点。影点连接成为影线。

2. 阴影的形成

如图 4-1 所示，一立体模型在平行光线照射下产生的阴影。可以看出：通过模型上的阴点引出假想光线与承影面相交，其交点就是影点。由此可知：阴和影是相互对应的，即物体的影线正是该物体阴线的落影。图中立体的棱线 AB 即为阴线，在承影面上产生了相应的落影，但如果阴线处于立体的凹陷处，则不会产生相应的阴影，棱线 CD 就是这种特殊情况。

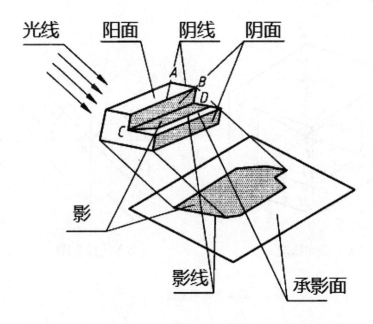

图 4-1 阴影的概念

二、绘制阴影所使用的光线

光线一般可以分为平行光线、辐射光线、漫射光线。在投影图中加绘阴影则采用平行光线。为了作图和度量上的方便，我们一般规定平行光线的方向为与三面投影体系中各个投影面的倾角均相等，也就是平行光线在三面投影图中的投影均与投影轴成 45° 角，把这样的光线称为常用光线。前面所讲的工程制图中，一般均采用正投影法，而阴影部分采用的是平行投影法中的斜投影法，这是一个需要大家引起注意的地方。

图 4-2 中即为特殊的平行光线 L，它与三面投影体系中各个投影面的倾角 α 均相等，可以看作正立方体的一条体对角线，其方向就是由正立方体的左、前、上方引向右、后、下方，这种方向的光线称为"常用光线"。其在三面投影图中的投影均与投影轴成 45° 角，其三面投影称为"45° 光线"或"45° 线"。

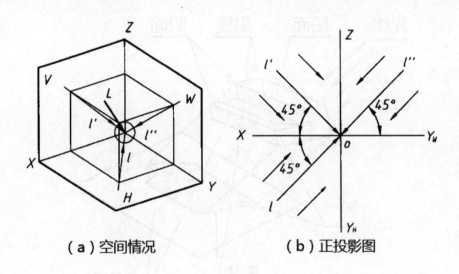

（a）空间情况　　　　　　　（b）正投影图

图4-2 常用光线

三、绘制物体阴影的作用

通常情况下，只有凭借在光线照射下产生的阴影，我们才能够清晰地看出周围各种物体的形状和空间组合关系。因此，为了增强图形的立体感和真实感，就需要在图样中加绘阴影，这种效果对正投影图尤为突出。如图4-3（a）所示为三种不同形状的壁饰，具有同样的立面图（也就是我们在工程制图中常说的主视图或正面投影，以下同），但没有平面图（也就是我们在工程制图中常说的俯视图或水平投影，以下同）则无法辨别。如图4-3（b）所示，我们只要给立面图加绘了阴影，就能看出三者之间的区别。

因此，在物体的正投影图中加绘阴影后，仅凭物体的一面投影，就能想象出物体的空间形状。同时，在图样中加绘阴影，不仅丰富了图形的表现力，也增进了图画的美感。

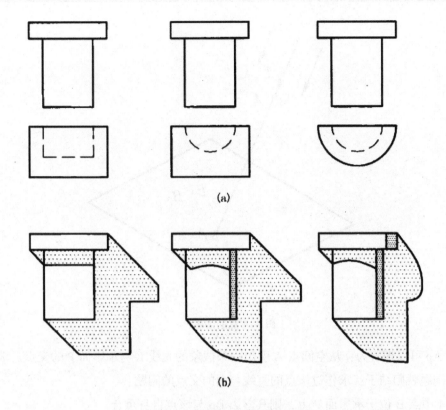

图 4-3 在图样中加绘阴影的作用

需要指出以下几点：

1. 画出物体的阴影实际上是画出物体阴影的三面投影图。在正投影图中加绘物体的阴影，实际上是画出阴和影的正面投影，简称画出物体的阴和影。

2. 有关阴影的内容是以画法几何的投影原理为基础进行研究，内容主要包括各种形体的阴和影产生的几何规律、在正投影图中绘制阴影的各种方法。

3. 在作图中，只着重绘出阴影的准确几何轮廓，而不表现阴影的明暗强弱的变化。

第二节　点、线的落影和面的阴影

一、点的落影

如图 4-4 所示，空间点 A 受平行光线的照射，仅能阻挡一条光线 L 的进程，因而形成的影区是一直线。直线影区与平面 P 相交，则在平面 P 上就会出现一个得不到光线 L 照射的暗点，此暗点就是点 A 在 P 平面上的落影 Ap，P 称为承影面。通过以上的分析可以得到：空间一点在任何承影面上的落影仍然是一个点。

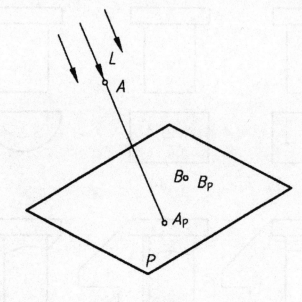

图 4-4 点的落影

落影 Ap 可以理解为：从空间点 A 引出一条假象的光线 L 与承影面 P 的交点。求作点的落影的问题就归结于：求作过该点的直线与面的交点的问题。

图 4-4 中点 B 位于承影面 P 上，则其落影 Bp 与该点自身重合。

1. 点在投影面上的落影

在两面投影体系中，当投影面为承影面时，点的落影就是通过该点的光线对投影面的迹点（交点）。在两投影面体系中，这样的迹点有两个，如图 4-5（a）所示，从某点引出的光线，与两个投影面均有交点，第一个交点即为所求的落影。在图 4-5（a）中，从 A 点引出的光线 L 首先与 V 面相交，因此，正面迹点 Av 即为所求的落影。如果延长 H 面，并假设 V 面是透明的，则点 A 还将落影于 H 面上，即水平迹点 Ah，此影称为点 A 的虚影（是假想的，一般不画出，但有时在求作阴影的过程中也需利用它）。

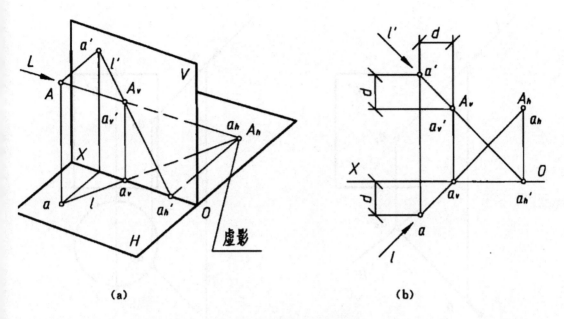

（a）　　　　　　　　　　　（b）

图 4-5 点在投影面上的落影

2. 点在投影面垂直面上的落影

当承影面（平面或柱面）垂直于投影面时，欲求一点在该投影面上的落影，均可利用承影面具有积聚性的投影来作图。

图 4-6（a）中，承影面 P 为一铅垂平面，其水平投影 p 具有积聚性。空间点 a 在 P 面上的落影 ap，其水平投影 ap 必然积聚于 p 上。图 4-6（b）中，承影面 P 为一铅垂圆柱面，其水平投影 p 也具有积聚性。空间点 a 在 P 面上的落影 ap，其水平投影 ap 也必然积聚于 p 上。

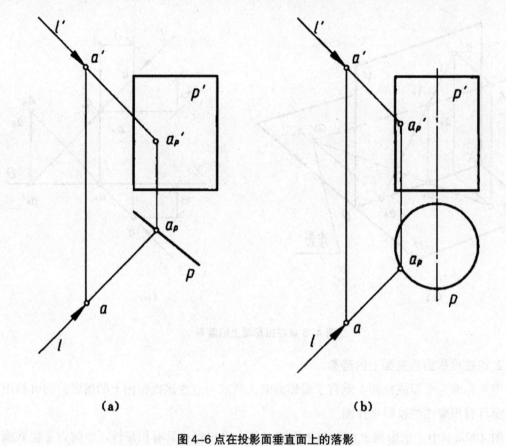

（a）　　　　　　　　　　　（b）

图 4–6 点在投影面垂直面上的落影

3. 点在一般位置平面上的落影

如图 4-7（a）所示，当承影面 P 为一般位置平面时，其投影均不具有积聚性。求作点的落影，就要按照画法几何中所讲过的利用辅助平面来求平面与平面交线的步骤来解决。此处的辅助平面是包含光线的特殊位置平面（投影面垂直面），这种求投影的方法，称为光截面法。如图 4-7（b）所示，为点在一般位置平面上的落影的求解方法，首先过 A 点引光线 l'，再过光线 l' 作一个铅垂的辅助平面 Q，利用其水平投影的积聚性，求得 P、Q 两面的交线 I、II（12，1′ 2′）。此线与光线 L 的交点 aₚ( ) 即为点 a 在 P 面上的落影。

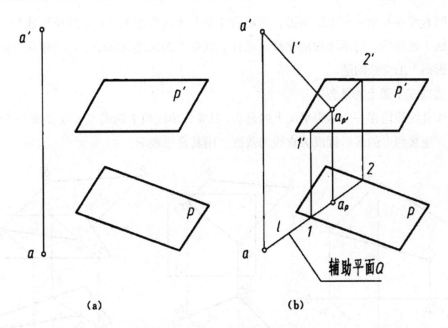

（a）　　　　　　　　　　　（b）

图 4-7 点在一般位置平面上的落影

二、直线的落影

空间直线在平面型承影面上的落影一般仍然是一条直线。

如图 4-8 所示，空间直线受平行光线照射，形成的影区是一平面，平面形影区与承影面 P 相交，则在 P 上就会出现一个得不到光线 L 照射的暗线，此暗线就是直线 AB 在 P 平面上的落影 ApBp。直线 CD 与光线 L 平行，则其落影积聚为一点 Cp(Dp)。

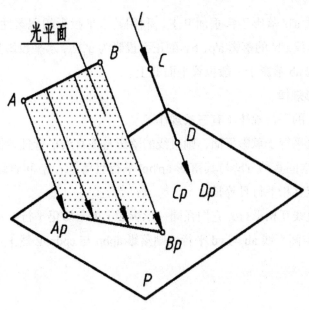

图 4-8 直线的落影

空间直线在某承影面上的落影，可以看作是射于该直线上各点光线所形成的平面（称为光平面）延伸后，与承影面的交线。求作直线落影的问题就归结于：求作两平面（光平面和承影面）的交线问题。

1.直线在平面上的落影

求作直线线段在一个承影平面上的落影，只要作出线段上两端点（或直线上任意两点）的落影，连接两点的落影就成为直线的落影，用其投影表示。

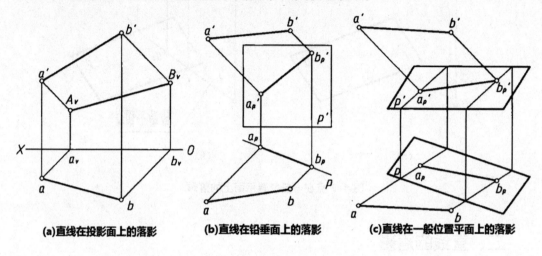

(a)直线在投影面上的落影　　(b)直线在铅垂面上的落影　　(c)直线在一般位置平面上的落影

图 4-9 直线落影的几种情况

图 4-9 为直线落影常见的几种情况：

（1）图中直线 a'b' 落影于 V 面上，分别求出点 a'、b' 的正面迹点 a、b，连接起来即为直线 a'、b' 的落影。

（2）图中直线 a'b' 落影于铅垂面 P 上，利用其水平投影的积聚性，分别求出点 a'、b' 的落影 ap、bp。直线 a'b' 的落影 a'p、b'p 的正面投影为 a'pb'p，水平投影为 apbp，积聚于 p 上。

（3）图中直线 ab 落影于一般位置平面 P 上。

2.直线的落影规律

（1）直线落影的平行规律（有三条规律）

规律 1：直线平行于承影平面，则直线的落影与该直线平行且等长。

图 4-10 中，空间直线 a'b' 与其落影 ap'bp' 平行且等长；空间直线 AB 与落影 ap、bp 的同面投影也一定互相平行且等长。

规律 2：两直线互相平行，它们在同一承影面上的落影仍平行。

图 4-11 中，空间直线 ab 与 cd 平行，则落影 apbp 与 cpdp 必然平行；落影的同面投影也一定互相平行。

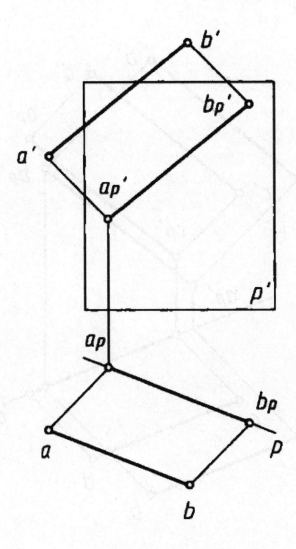

图 4-10 直线在与其平行平面上的落影

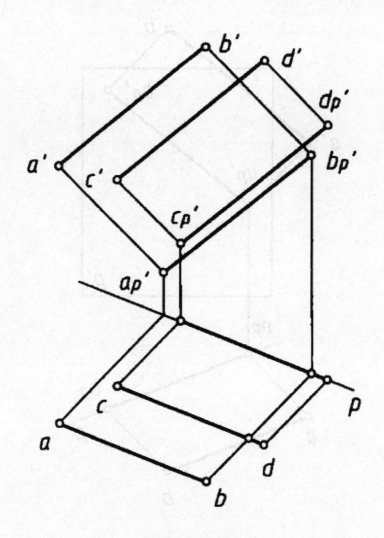

图 4-11 平行两直线的落影

规律 3：一直线在互相平行的各个承影平面上的落影也互相平行。

图 4-12（a）中，承影面 p 与 q 互相平行，过直线 ab 的光平面与承影面 p、q 相交产生的两条交线也必然平行，也就是两段落影互相平行，落影的同面投影也平行。

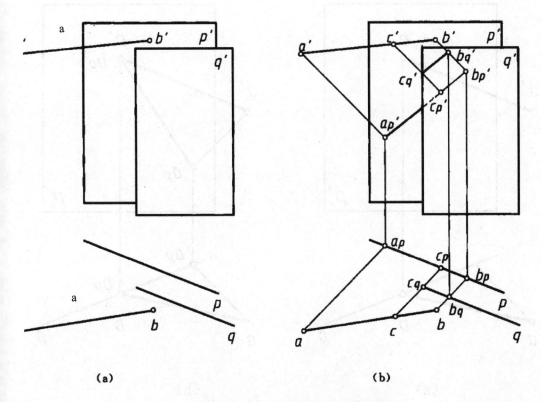

图 4-12 直线在平行两平面上的落影

　　直线 ab 在 p、q 两个承影面上均有落影，也就是说直线 ab 被分为两段，这两段分别在不同的承影面上产生落影，在图 4-12（b）中，这个分点即为 cp，把这样的点称为过渡点。在直线 ab 上如何确定过渡点 c 的具体位置呢？

　　直线 ab 两个端点的落影分别为 ap、bq，由于位于不同的承影面上，它们是不能直接相连的。要确定过渡点 c 的具体位置，就要用到虚影的概念。可求出 b 点在 p 面上的虚影 bp，连接，再过作的平行线，与 q 面的左边界线相交于点，过点作 45° 光线，与相交于点，再根据投影原理在线 ab 上找到点 c，这样就确定出过渡点 c 的位置，最后找到点 c 的落影 cq。显然，ab 线在 q 面的落影经由点 cq 过渡到另一个承影面 p 上。

　　（2）直线落影的相交规律（有三条规律）

　　规律 4：直线与承影面相交，直线的落影（或延长后）必然通过该直线与承影面的交点。

　　图 4-13（a）中，空间直线 ab 与承影面 p 相交于 b 点，交点 b 在 p 面上。如图 4-13（b）所示，b 点落影 bp 与点 b 本身重合，直线 ab 的落影 apbp 必然通过交点 b。

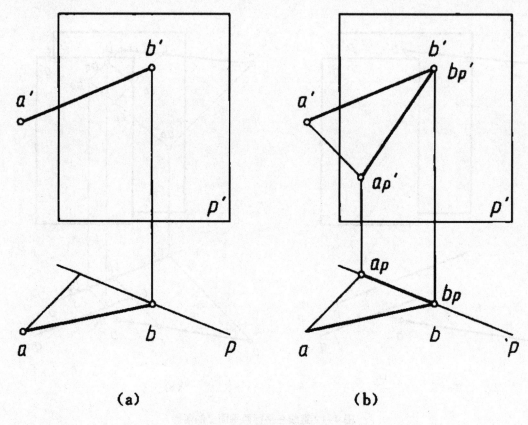

（a）　　　　　　　　　　（b）

图 4-13 直线与承影面相交

规律 5：两相交直线在同一承影面上的落影必然相交，落影的交点就是两直线交点的落影。

图 4-14（a）中，空间直线 ab 与 cd 相交于 k 点，求出 k 点的落影 kp（　），然后在两直线上各求出一个端点的落影 ap（　）、cp（　），连接即可得两相交直线的落影，如图 4-14（b）所示。

规律 6：一直线在两个相交的承影面上的两段落影必相交，落影的交点必然位于两承影面的交线上。一般情况下，把落影的交点称为折影点。

图 4-15（a）中，空间直线 ab 在相交两平面 p、q 上的落影，实际上是过 AB 的光平面与两个承影平面的交线，并与平面 p、q 的交线相交于一点（光平面与平面 p、q 三面共点），k1 称为折影点。

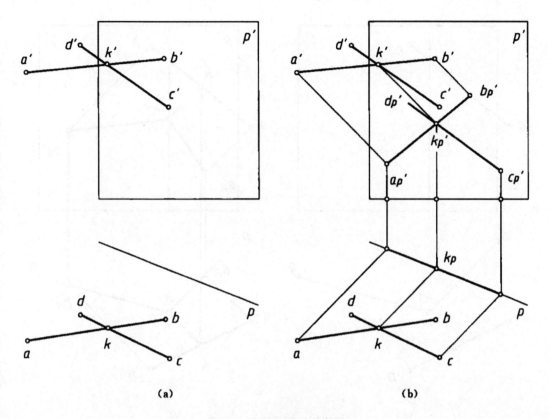

（a）　　　　　　　　　　　　（b）

图 4-14 相交两直线的落影

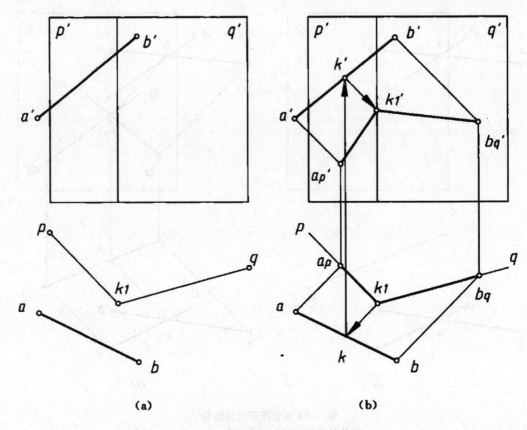

（a）　　　　　　　（b）

图 4-15 直线在相交两平面上的落影

（3）投影面垂直线的落影规律（有两条规律）

规律 7：投影面垂直线在任何承影面上产生的落影，在该投影面上的投影是与光线投影方向一致的 45° 直线。

图 4-16 中，铅垂线 ab 的落影，实际上就是通过 ab 线所引光平面与 H 面的交线。落影的 h 面投影成 45° 直线，落影的 V 面投影成水平直线，落于 OX 轴上。

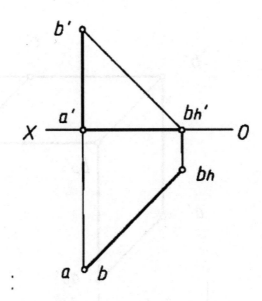

图 4-16 投影面垂直线落影的投影性质

规律 8：投影面垂直线在另一投影面（或其平行面）上的落影，不仅与原直线的同面投影平行，且二者之间的距离等于该直线到承影面的距离。

图 4-17 中，铅垂线 ab 与侧垂线 bc 在正平面 P 上的落影具有如下性质：$a'_p b'_p$ 平行于 a'b'，$b'_p c'_p$ 平行于 b'c'；且它们之间的距离等于这两条空间直线与正平面 P 的距离 d。

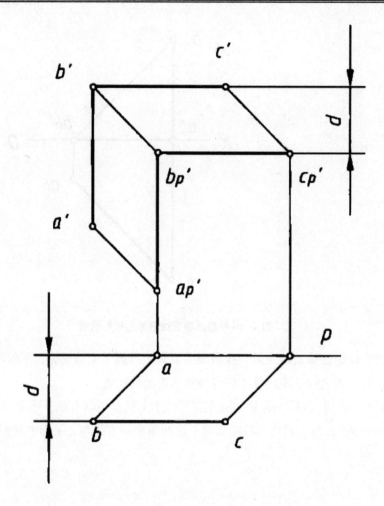

图 4-17 投影面垂直线在另一投影面平行面上落影的性质

三、直线平面形的阴影

1. 平面多边形的落影

平面多边形的落影轮廓线（影线），就是多边形各边线落影的集合。

如图 4-18 所示，平面四边形 ABCD 受平行光线照射，在平面的另一侧形成一个四棱柱状的影区。柱状影区与承影面 P 相交，则在承影面 P 上就会出现一个得不到光线照射的四边形 ApBpCpDp，此四边形就是平面 ABCD 在 P 平面上的落影。落影的轮廓线就是影线，也就是平面 ABCD 各边的落影集合。

综上所述，求作多边形落影的问题就归结为求作多边形各顶点的落影。也就是说，作出多边形各顶点的落影，然后用直线顺次连接起来，就得到平面多边形的落影。

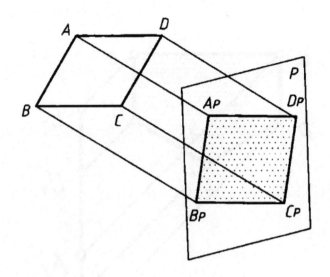

图 4-18 平面多边形的落影

2. 平面图形的阴面和阳面的判别

在光线的照射下，平面图形的一侧迎光，而另一侧必然背光，因而有阳面和阴面的区分。因此，在正投影图中加绘阴影时，需要判别平面图形的各个投影是阳面投影还是阴面投影，并绘制到投影图中。

（1）平面图形平行于光线时，各投影阴阳面的判别方法如下。

如图 4-19 所示，五边形 ABCDE 平行于光线，则它的两面均为阴面。在这里我们约定，在画阴影图时，形体的阴面的投影涂红颜色，阳面不涂色；阴影的投影需涂蓝颜色，统一用红蓝铅笔完成。

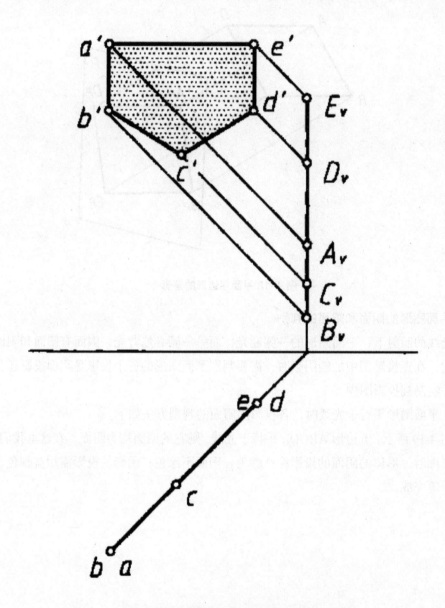

图 4-19 平行于光线的五边形 ABCDE 的落影

（2）平面图形为投影面垂直面时，各投影阴阳面的判别方法如下。

在有积聚性的投影中，直接利用光线的同面投影来判别。如图 4-20 所示，平面 p、q、r 均为正垂面，v 面投影积聚为直线，只需判别 h 面投影的阴阳面即可。从 v 面投影可以看出：平面 p、r 与 h 面的夹角小于 45°，其上表面受光，为阳面，根据投影法原理，它们的 H 面投影表现为阳面投影；而平面 q 与 H 面的夹角大于 45°，其上表面背光，为阴面，它的 H 面投影表现为阴面投影。

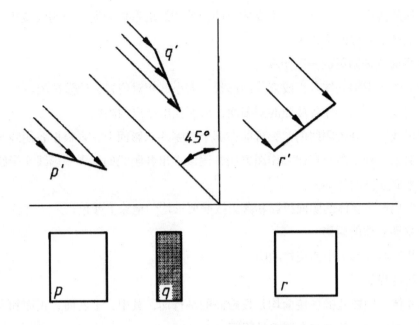

图 4-20 投影面垂直面的阴阳面判别

（3）平面图形处于一般位置时，各投影阴阳面的判别方法如下。

平面图形处于一般位置时，在承影面上落影的各顶点排列顺序与平面图形的阴阳面有关。由于承影面总是迎光的阳面，所以落影各点的顺序只能与平面图形阳面各顶点的顺序一致，而与阴面各顶点的顺序相反。判别的时候，有以下原则：若两个投影各顶点的旋转顺序相同，则两投影同为阳面投影或同为阴面投影；若两个投影各顶点的旋转顺序相反，则投影其一为阳面投影，另一投影为阴面投影。

求作方法：先求出平面图形的落影，当平面图形某一投影各顶点的旋转顺序与落影各顶点的旋转顺序相同时，则该投影为阳面投影，不涂色；若二者顺序相反，则该投影为阴面投影，并涂色。

第三节　立体的阴影

一、平面立体的阴影

在光线的照射下，立体在阴面的一侧空间形成一个棱柱形的影区，影区与承影面相交所得的落影为立体的落影。这个棱柱形的影区的棱面实际上就是通过立体上各条阴线（阴面和阳面相交处的棱线）所引出的光平面，光平面与承影面相交即为影线，也就是说，影线就是立体上阴线的影。

求作立体的落影可以归结于：求立体上凸出的阴线的落影问题（当阴线位于立体的凹陷处，就不能产生相应的影线）。

1. 求作平面立体阴影的一般步骤

（1）读立体：识别立体各组成部分的形状、大小、相对位置，读懂视图。

（2）找阴线：判别立体各棱面的阴阳面，从而找出凸出的阴线。

（3）求影线：先分析阴线的落影可能在哪个或哪些承影面上，再根据各阴线与承影面之间的相对关系，利用落影规律和作图方法，逐段求出各阴线的落影—影线，影线所围成的图形就是平面立体的落影。

（4）涂颜色：将立体的阴面投影和落影按照要求均匀地涂上颜色。

2. 常见平面立体的阴影

例 4-1 求图 4-21（a）中四棱柱的阴影。

具体解析过程如下。

（1）读立体：四棱柱的各棱面均是投影面的平行面，其中，上底面、正面和左侧面受光，为阳面；下底面、背面和右侧面是阴面。

（2）找阴线：如图 4-21（b）所示，四棱柱的 12 条棱线中，左侧面和背面的交线 AB、上底面和背面的交线 BC、上底面和右侧面的交线 CD、正面和右侧面的交线 DE、正面和下底面的交线 EF、左侧面和下底面的交线 FA 为阴线，AB、DE 为铅垂线，BC、EF 为侧垂线，CD、FA 为正垂线，分别按其投影规律求落影。

（3）求影线：它们均在 V 面上落影，影线所围成的图形是一个六边形，即是四棱柱的落影。

（4）涂颜色。

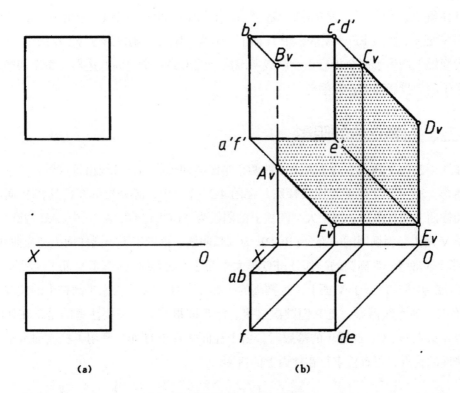

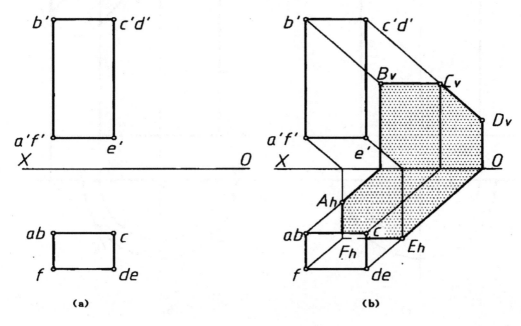

图 4–21 四棱柱在 V 面上的落影

例 4-2 求图 4-22（a）中四棱柱的落影

图 4-22 四棱柱在 V、H 两面上的落影

具体解析过程如下：读立体；找阴线；求影线：如图 4-22（b）所示，阴线 BC、CD 落影于 V 面上，阴线 EF、FA 落影于 H 面上，阴线 AB、DE 则落影于 V、H 两个投影面上，并在投影轴上产生了两个折影点。影线所围成的图形是一个空间八边形，整个四棱柱的影子落影于两个投影面上；涂颜色。

二、曲面立体的阴影

如图 4-23（a）所示，为上大下小的两个半圆柱同轴叠加，轴线铅垂放置，欲求大半圆柱的落影。由于此立体位置比较特殊，在图 4-23（b）中，经分析可知，其在 V 面和下方小半圆柱面上均有落影。图中大半圆柱上的阴线为 ABCDEFGHJA，其中，AB 为圆弧阴线，落影于 V 面上，为椭圆的一部分；BCDE 为圆弧阴线，落影于下半圆柱面上，为曲线落影；EF 落影于 V 面上，为椭圆的一部分；FG 是大半圆柱上的素线，落影于 V 面上，为直线落影；GH 为圆弧阴线，落影于 V 面上，为椭圆的一部分；HJ、JA 均为大半圆柱上的棱线，落影于 V 面上，为直线落影，把它们顺次连接、涂色即得答案。需要注意的是，在找阴线上某些点（如点 B、C、D 等）的落影时，由于柱面垂直于 H 面，利用了柱面的水平投影具有积聚性的特点，可直接求得在柱面上的落影。

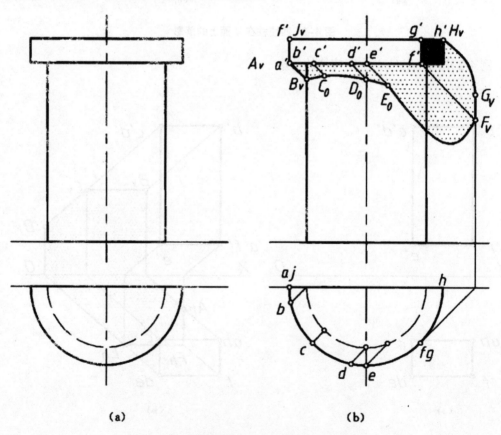

（a）　　　　　　　　　　　　（b）

图 4-23 半圆柱落影于特殊位置时的阴影

第五章　透视与计算机辅助

前面几章阐述了投影、阴影，接下来，本章将针对与前两者同样重要的一个知识点——透视进行讲解，同时讲述关于计算机在工程制图中所发挥的作用和效果。

第一节　透视的基本知识

一、透视的形成及透视图的特点

1. 透视的形成

当人们站在玻璃窗内用一只眼睛观看室外的建筑物时，无数条视线与玻璃窗相交，把各交点连接起来的图形即为透视图。从图 5-1 高层建筑的图片可以看出，透视图的表现方法符合人们的视觉印象，富有较强的立体感和真实感，具有广泛的用途。

如图 5-2 所示，即为透视投影形成的过程。从投影法的角度去看，透视投影相当于以人的眼睛为投影中心的中心投影。

图 5-1 透视图的效果

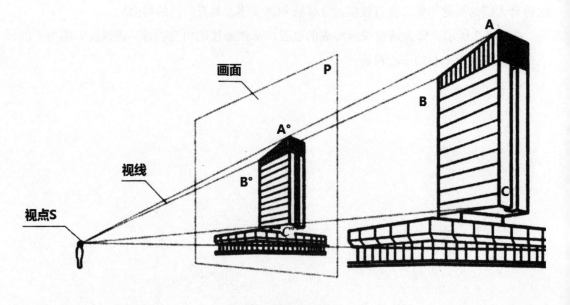

图 5-2 透视投影过程

2. 透视图的特点

观察图 5-1，可以发现透视图具备以下特点：

（1）建筑物上原来等宽的墙面、窗户等，在透视图中变得近宽远窄；

（2）建筑物上原来等高的铅垂线（墙体、柱子等的轮廓线）在透视图中变得近长远短；

（3）大小相同的建筑形体，在透视图中变得近大远小；

（4）建筑物上与画面相交的平行直线，在透视图中不再平行，而是越远越靠拢，直至消失于一点，这个点称为灭点（或消失点）。

用透视图表示空间形体，给人的感觉更真实、自然，犹如身临其境。因此，在完成建筑物施工图前，为构思建筑物的整体效果，利用设计的平面图和立面图，画出像照片一样准确、逼真的透视图来，可以让人们领会该建筑建成后所能给予人们的视觉印象和感受。同时，设计人员可根据透视图对方案进行分析和推敲，作为修改设计的依据之一。

二、透视的基本知识和常用术语

1. 基本知识

透视图的概念：具有近大远小这种特征的图像，称为透视图或透视投影，简称透视。

透视图建立的基础：是在画法几何学的投影理论基础上建立的，根据正投影图就能画出完全准确的透视图。

透视图的投影法：采用中心投影法，即以人眼为投影中心进行投影。

求作透视图的方法：透视图实际上就是由人眼引向物体的视线（直线）与画面（平面）的交点的集合。因此，求透视的问题就归结为：求作直线和平面交点的问题。

2. 常用术语

对照图 5-3，下面讲解一下透视作图中的常用术语。

基面：放置建筑物的水平地面，以字母 G 表示，也可将绘有建筑平面图的投影面 H 或任何水平面理解为基面。

画面：透视图所在的平面，以字母 P 表示，也就是在投影体系中我们常说的 V 面或正面。

基线：基面与画面的交线，在画面上以字母 g-g 表示基线，在平面图中则以 p-p 表示画面的位置。

视点：相当于人眼所在的位置，即投影中心 S。

站点：视点 S 在基面 G 上的正投影 s，相当于观看建筑物时，人的站立点。

心点：视点 S 在画面 P 上的正投影 s°。

中心视线：引自视点并垂直于画面的视线，即视点 S 和心点 s° 的连线 Ss°。

视平面：过视点 S 所作的水平面。

视平线：视平面与画面的交线，以 h-h 表示，心点 s° 必位于视平线 h-h 上。

视高：视点 S 对基面 G 的距离，即人眼的高度。视平线与基线的距离即反映视高。

视距：视点对画面的距离，即中心视线 Ss° 的长度，站点与基线的距离 ssg，即反映视距。

在绘制透视图时，常用到这些专门的术语。弄清楚它们的确切含意，有助于理解透视的形成过程和掌握透视的作图方法。

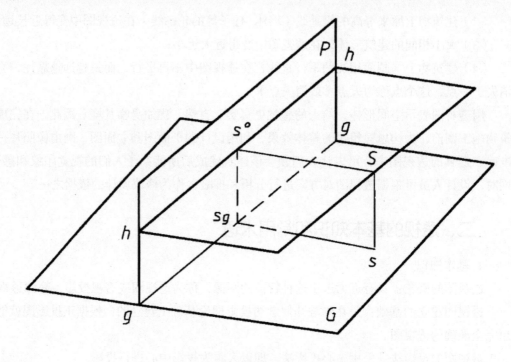

图 5-3 常用术语

第二节 点、直线和平面形的透视

一、点的透视

1. 点的透视与基透视

点的透视就是通过该点的视线与画面的交点，其基透视就是通过该点的基点所引的视线与画面的交点。交点即为视线的画面迹点。点的透视仍为一个点，点位于画面上时其透视为其本身。

如图 5-4 所示，点 A 是空间任意一点，自视点 S 引向点 A 的直线 SA，就是通过点 A 的视线，视线 SA 与画面 P 的交点 A°，就是空间点 A 的透视；点 a 是空间点 A 在基面上的正投影（简称"基面投影"），称为点 A 的基点，基点的透视 a°，称为点 A 的基透视。求点 A 的透视 A° 和基透视 a° 即是求作直线和平面的交点问题。A 点的透视 A° 就是视线 SA 在画面 P 上的迹点，其基透视 a° 则是视线 Sa 在画面 P 上的迹点。

A 点的透视 A° 与基透视 a° 的连线垂直于基线 g-g 或视平线 h-h。把 SAa 称为视线平面，它与画面 P 均垂直于基面 G，二者交线为 A° a°，必垂直于基面 G，垂足为 ag，显然，一个点的透视与基透视的连线是垂直于视平线的。

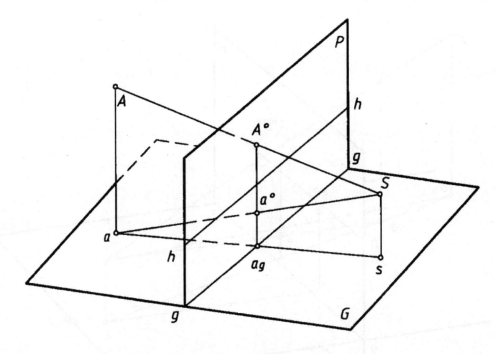

图 5-4 点的透视

这里约定，点的透视用相同于空间点的字母并于右上角加"。"来标记；基透视则用相同的小写字母，右上角也加"。"来标记。

2. 基透视的作用

在图 5-5 中，空间的两个点 A 和 B 位于同一条视线上，它们的透视 A° 和 B° 将重合为一点，但从透视图上如何判别 A、B 两点距离视点的远近呢？

这里就要用到基透视的方法，从图中可以明显地看出，B 的基透视 b° 比 A 的基透视 a° 更接近视平线 h-h，说明基点 b 比基点 a 远些，也就是空间点 B 比 A 远些。即基透视距视平线 h-h 越近，则空间点距离视点越远，基透视距视平线 h-h 越远，则空间点距离视点越近。

推论：从画面上各点基透视的情况，就可以判断出空间点距视点的远近和它们的空间状况。

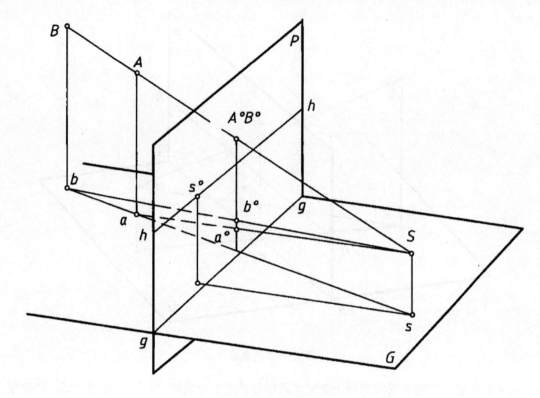

图 5-5 基透视的作用

3. 透视空间的划分

如图 5-5 所示，过视点 S 增设一个与画面 P 平行的平面 N，称为消失面（因为在 N 面内的任何点不可能在画面上作出相应的透视，故称消失面）；消失面 N 与基面的交线 n-n，称为消失线。消失面 N 与画面 P 将整个空间划分成三部分：画面之后通常放置物体的空间称为物空间；画面 P 与消失面 N 之间的部分称为中空间；另一部分则称为虚空间。点位于不同的空间中，其透视具有不同的特点。

（1）点位于物空间中

如图 5-5 所示，属于物空间的点 A、B，其基透视 a° 和 b 总是位于基线 g-g 和视平线 h-h 之间，空间点越远，其基透视越接近视平线。在图 5-7 中，空间点 F 在画面后无限远处，其基透视 f° 就在视平线 h-h 上。如空间点向画面移近，其基透视就向下移动，越来越接近基线。

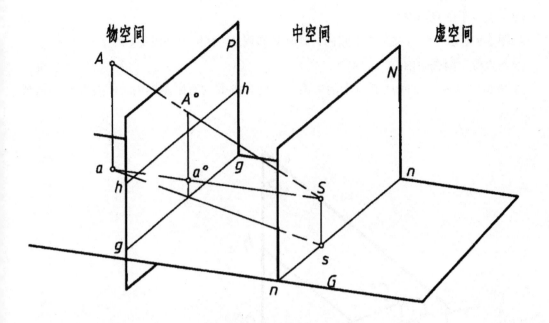

图 5-6 透视空间的划分

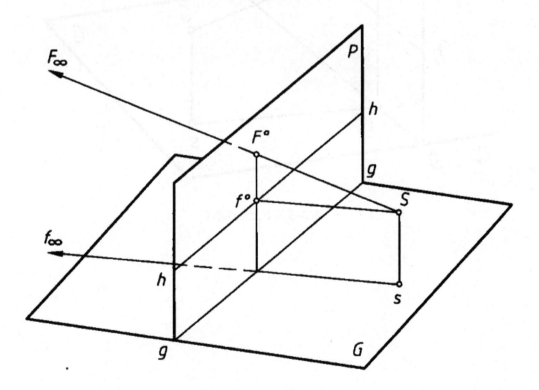

图 5-7 物空间中无穷远点的透视

（2）点位于画面上

如图 5-8 所示，空间点 C 位于画面 P 上，其透视 C° 与该点自身重合，其基透视 c°就在基线 g-g 上。

（3）点位于中空间内

如图 5-9 所示，D 点位于中空间内，则其基透视 d° 就位于基线 g-g 的下方。

（4）点位于消失面内

如图 5-10 所示，空间点 E 位于消失面内，则在画面的有限范围内，不存在它的透视与基透视。

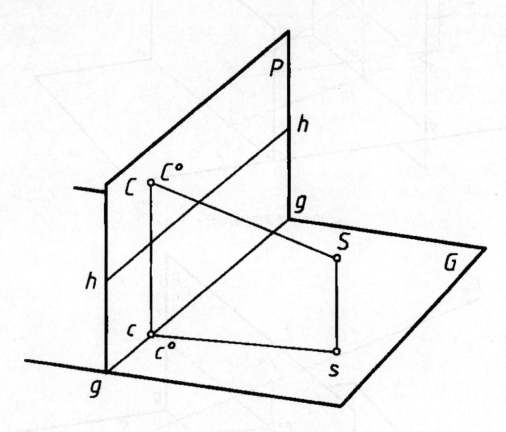

图 5-8 画面上点的透视

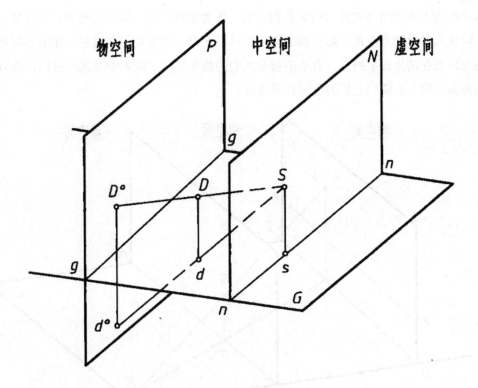

图5-9 中空间内点的透视

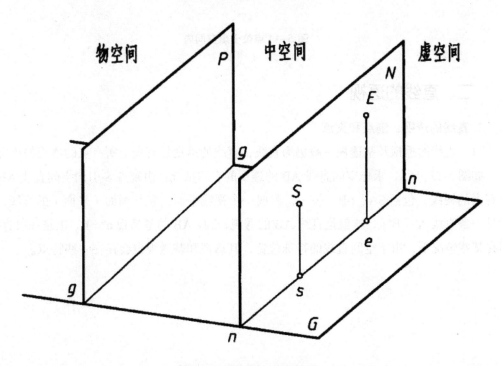

图5-10 消失面内点的透视

（5）点位于虚空间内

如图5-11所示,空间点K位于虚空间内,则其基透视k° 出现在视平线的上方。事实上,视点 S 作为人的眼睛是向着画面观看物体的，作为虚空间的任何几何元素，人眼是看不到的。但从几何学的角度说，虚空间的点，仍可以求出它的透视与基透视。在中空间和虚空间的点以及在消失面上的点，由于不符合人们的视觉要求，故不予考虑。所以，仅对物空间和画面上的点来研究它们的透视和基透视。

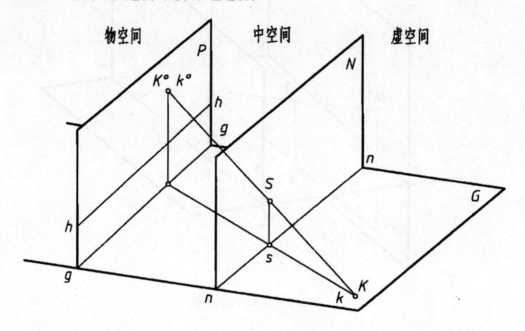

图 5-11 点位于虚空间内

二、直线的透视

1. 直线的透视、迹点和灭点

（1）直线的透视及基透视一般仍为直线，直线的透视是直线上所有点的透视的集合。

如图 5-12 所示，求作空间直线 AB 的透视的空间情况：由视点 S 引向空间直线 AB 上所有点的视线，包括 SA、SB、……，形成一个视线平面，它与画面（平面）的交线，必然是一条直线 A°B°，这就是直线 AB 的透视；直线 AB 的基透视 a°b° 也是一段直线。但在某些情况下，由于空间直线的特殊位置，其透视和基透视也会存在一些特点。

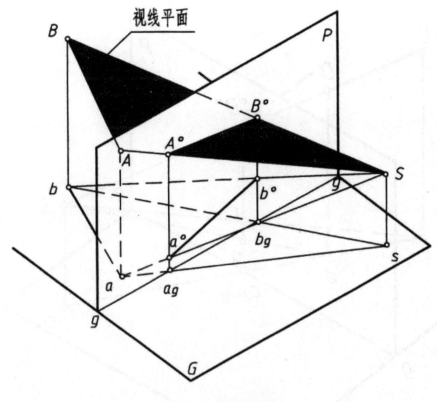

图 5-12 直线的透视

特殊情况 1：直线的透视成为一点。

在图 5-13 中，空间直线 CD 恰好通过视点 S，则其透视 C° D° 重合成一点，但其基透视 c° d° 仍是一段直线，且与基线相垂直。

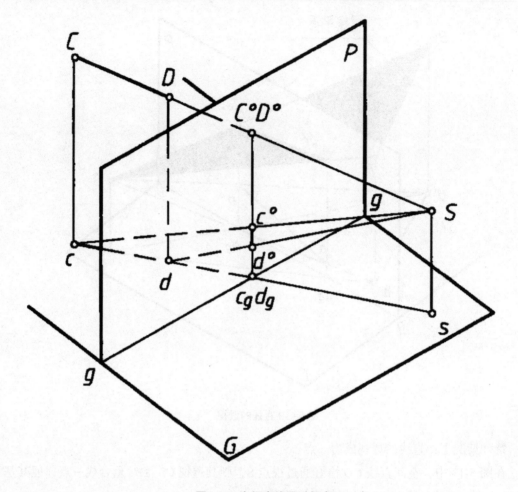

图 5-13 空间直线通过视点 S

特殊情况 2：直线的基透视成为一点。

在图 5-14 中，空间直线 EJ 是铅垂线，由于它在基面上的正投影 ej 积聚成一个点，故该直线的基透视 e° j° 也是一个点，而直线本身的透视仍是一条铅垂线 E° J° 。

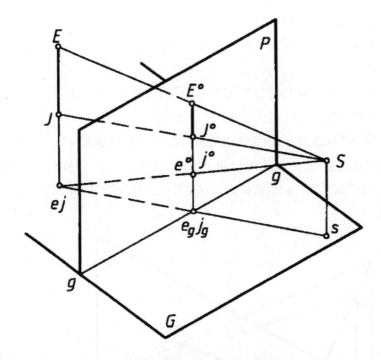

图 5-14 空间直线垂直于基面

特殊情况 3：空间直线位于基面上。

在图 5-15 中，直线 AB 与其基面投影 ab 重合，则其透视 A° B° 与基透视 a° b° 也重合成一直线。

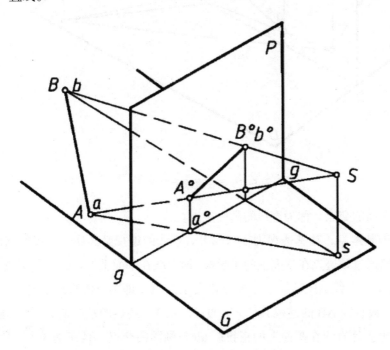

图 5-15 空间直线位于基面上

特殊情况 4：直线位于画面上。

直线如位于画面上，则直线的透视与直线本身重合，直线的基面投影与基透视均重合在基线上。

（2）直线上的点，其透视与基透视分别在该直线的透视与基透视上。

在图 5-16 中，由于视线 SM 包含在视线平面 SAB 内，所以 SM 与画面的交点 M°（点 M 的透视）位于视线平面 SAB 与画面的交线 A° B°（AB 的透视）上。同理，基透视 m°则在 AB 的基透视 a° b° 上。假设点 M 是 AB 线段的中点，由于 MB 比 AM 远，使得透视长度 A° M° 大于 M° B°。也就是说，点在直线上所分线段的长度之比，其透视不再保持原来的比值。

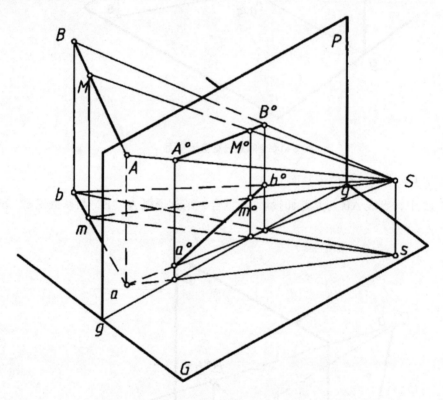

图 5-16 点在直线上

（3）直线与画面的交点，称为直线的画面迹点。

迹点的透视即其本身，其基透视则在基线上。直线的透视必然通过直线的画面迹点；直线的基透视必然通过该迹点在基面上的正投影，即直线在基面上的正投影和基线的交点。

如图 5-17 所示，直线 AB 延长，与画面相交于 T 点，即为 AB 的画面迹点。迹点的透视即其自身 T，故直线 AB 的透视 A° B° 通过迹点 T。迹点的基透视 t，即为迹点在基面上的正投影，也正是直线在基面上的正投影 ab 与画面的交点，且在基线上。所以将直线的基透视 a° b° 延长，必然通过迹点 T 的投影 t，即 T 的基透视。

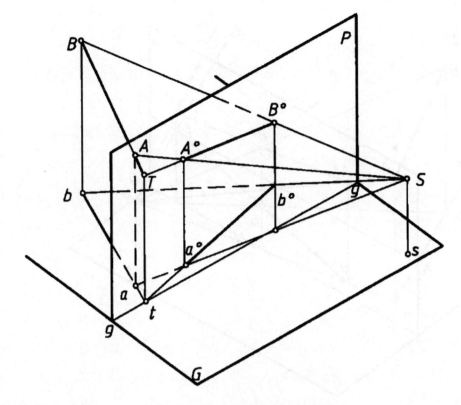

图 5-17 直线的迹点

（4）直线上离画面无限远的点，其透视称为直线的灭点。

如图 5-18 所示，求直线 AB 上无限远点 F 的透视，应自视点 S 向无限远点引视线，与原直线 AB 必然是互相平行的与画面的交点 F 就是直线 AB 的灭点。直线 AB 的透视 A° B° 延长就一定通过灭点 F。

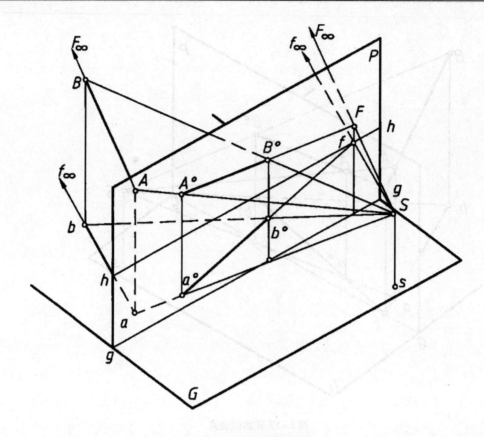

图 5-18 直线的灭点

同理，可求得直线的投影 ab 上无限远点的透视 f，称为基灭点。基灭点 f 一定位于视平线 h-h 上，因为平行于 ab 的视线只能是水平线，它与画面只能相交于视平线上的一点 f，是直线 AB 的基透视 a° b° 延长，必然指向基灭点 f，基灭点 f 与灭点 F 处于同一铅垂线上，即 Ff 垂直于 h-h。

2. 画面相交线与画面平行线

空间直线根据它们与画面的相对位置不同，可分为两类：一类是与画面相交的直线，称为画面相交线；另一类是与画面平行的直线，称为画面平行线。这两类直线的透视有着明显的区别，下面分别叙述。

（1）画面相交线的透视特性

1）画面相交线，在画面上必然有该直线的迹点（见图 5-17），也必然有该直线的灭点（见图 5-18）。

灭点与迹点的连线，就是该直线自迹点开始向画面后无限延伸所形成的一条无限长直线的透视，称为该直线的全线透视。

2）直线上的点在画面相交线上所分线段的长度之比，在其透视上不能保持原长度之比（见图 5-16）。

3）一组平行直线有一个共同的灭点，其基透视也有一个共同的基灭点。所以，一组平行线的透视及其基透视，分别相交于它们的灭点和基灭点。

如图 5-19 所示，由于自视点 S，平行于一组平行线中的各条直线所引出的视线，是同一条视线，它与画面只能交得唯一的共同的灭点。因此，一组平行线的透视向着一个共同的灭点 F 集中；同样，它们的基透视也向着视平线上的一个基灭点集中。这是透视图中特有的基本规律，作图时必须要遵循。

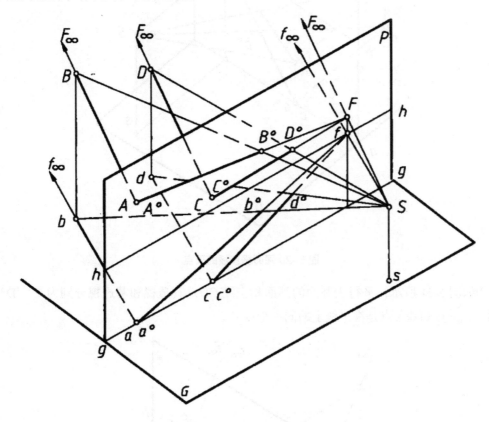

图 5-19 平行直线的灭点

4）画面相交线有三种典型形式，不同形式的画面相交线，它们的灭点在画面上的位置也各不相同。

①如图 5-20 所示，垂直于画面的直线 AB，其透视为 A° B°，透视的灭点就是点 s°；其基透视 a° b° 的基灭点也是点 s°。

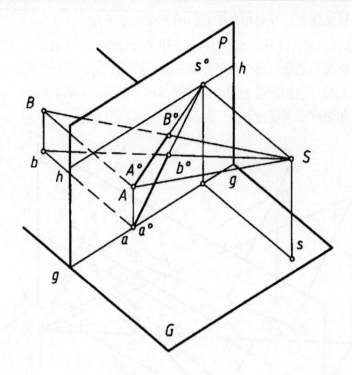

图 5-20 画面垂直线的灭点

②如图 5-21 所示，平行于基面的画面相交线 CD，其透视和基透视分别为 C° D° 、c° d° ，灭点和基灭点是视平线上的同一个点 F。

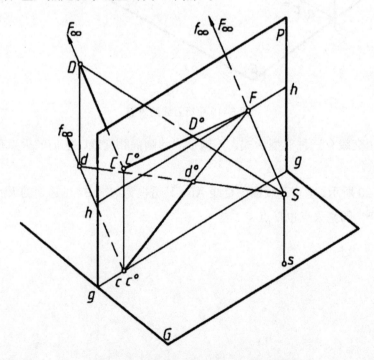

图 5-21 平行于基面的画面相交线的灭点

③如图 5-18 所示，倾斜于基面的画面相交线 AB，其透视为 A° B°，灭点在视平线的上方，这样的直线称为上行直线；反之，如果灭点在视平线的下方，则称为下行直线。但是，无论上行直线还是下行直线，只要满足互相平行的条件，则它们的基灭点都是视平线上的同一点 f。

（2）画面平行线的透视特性

1）画面平行线，在画面上不会有它的迹点和灭点。

在图 5-22 中，空间直线 AB 平行于画面 P，与画面 P 就没有交点（迹点）。同时，自视点 S 所引平行于 AB 的视线，与画面也是平行的，因此，该视线与画面 P 也没有交点（灭点）。自视点 S 向 AB 线所引视线平面 SAB 与画面的交线 A° B° 与 AB 是互相平行的；且透视 A° B° 与基线 g-g 的夹角反映了 AB 对基面的倾角 α。同理，空间直线 AB 的水平投影 ab 平行于基线 g-g，基透视 a° b° 也平行于基线和视平线，而成为一条水平线。

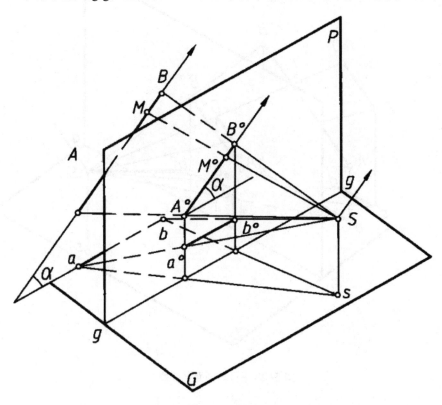

图 5-22 画面平行线没有迹点和灭点

2）点在画面平行线上所分线段的长度之比，在其透视上仍能保持原长度之比。

如图 5-22 所示，AB 平行于 A° B°，点 M 分线段直线 AB 长度之比等于其透视分段之比，即 AM：MB=A° M°：M° B°。

3）一组互相平行的画面平行线，其透视仍保持相互平行，它们的基透视也互相平行，并平行于基线。

在图 5-23 中，AB 和 CD 是两条相互平行的画面平行线，其透视 A° B° 和 C° D°

相互平行，基透视 a° b° 和 c° d° 也相互平行，并平行于基线 g-g。

4）画面平行线也有三种典型形式，它们的透视特征分别如下。

①如图 5-14 中的空间直线 EJ 垂直于基面（铅垂线），它的透视 E° J° 仍表现为铅垂线段。

②如图 5-22 所示，空间直线 AB 为倾斜于基面的画面平行线，它的透视 A° B° 仍为倾斜线段，它和基线的夹角反映了该直线在空间对基面的倾角 α，其基透视 a° b° 则为水平线段。

③平行于基线的画面平行线，其透视与基透视均表现为水平线段。如图 5-24 中的空间直线 AB 的透视 A° B° 和基透视 a° b° 仍为水平线段。

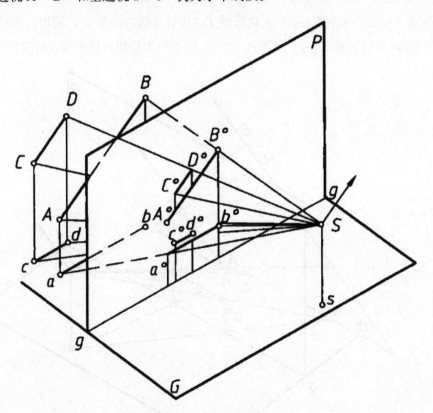

图 5–23 平行的画面平行线

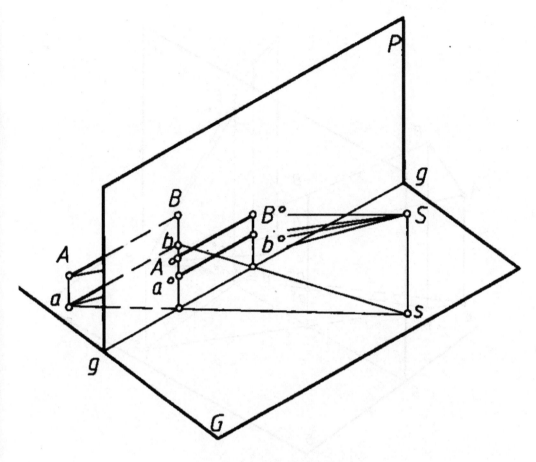

图 5-24 平行于基线的画面平行线

④空间直线位于画面上，则其透视即为直线本身，因此反映了该直线的实长，而直线的基透视，即直线在基面上的投影本身，一定位于基线上。反之，如果基透视重合于基线上，则空间直线必位于画面上，其透视反映了这些直线的实长。

3. 基面投影过站点的直线

如图 5-25 所示，空间直线 AB，其基面投影 ab 通过站点 s，则其透视 A° B° 与基透视 a° b° 均为画面上的竖直线，且位于同一直线。直线 AB 与 CD 相互不平行，但由于它们的基面投影 ab 和 cd 均通过站点 s，它们的透视 A° B° 与 C° D° 以及基透视 a° b° 与 c° d° 都成为画面上的竖直线，表现出"平行"的关系，这是比较特殊的情况。

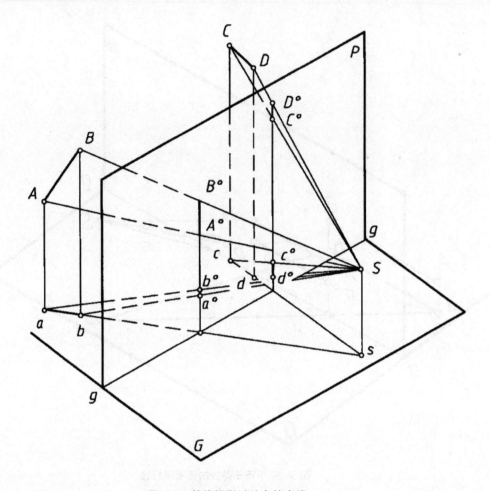

图 5-25 基线投影过站点的直线

三、平面形的透视

1. 平面形的透视

平面形的透视，就是构成平面形周边的诸轮廓线的透视。如果平面形是直线多边形，其透视与基透视一般仍为直线多边形，而且边数仍保持不变。

（1）一般位置平面的透视

如图 5-26 所示，为矩形 ABCD 的透视图，其透视与基透视均为四边形。根据透视特性可以判断出，AB 与 CD 两边为水平线，AD 与 BC 为互相平行的斜线。

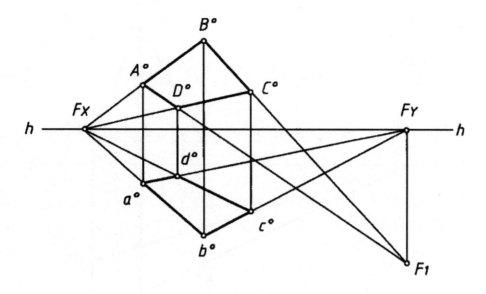

图 5-26 平面形的透视

（2）特殊情况

1）如果平面形所在的平面通过视点，其透视变成一直线，基透视仍为一个多边形。

如图 5-27 所示，矩形 ABCD 所在平面通过视点 S，其透视 A° B° C° D° 成一直线。

2）如果平面形处于铅垂位置，其基透视为直线，透视仍是一多边形。

如图 5-28 所示，五边形 ABCDE 是一个铅垂平面，其基透视为直线，透视仍是一五边形。

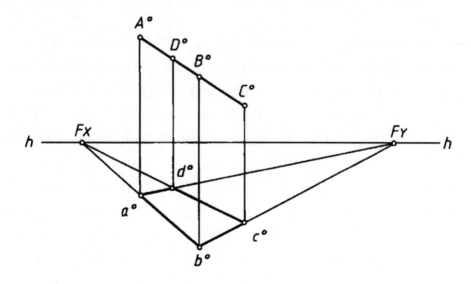

图 5-27 平面形通过视点

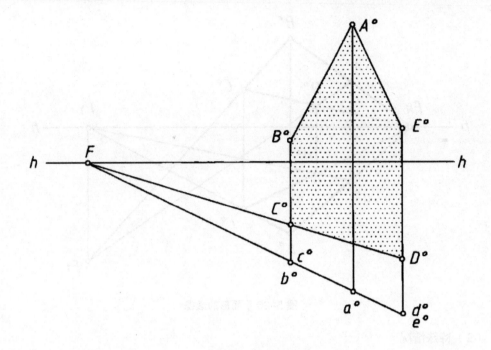

图 5-28 铅垂面的基透视成为直线

2. 平面的迹线和灭线

在直线的透视图中有"迹点和灭点"的问题，在平面的透视图中有"迹线与灭线"的问题。运用迹线与灭线完成透视作图，非常便利，因此，透彻地理解其含意是十分必要的。

（1）迹线

空间平面与画面的交线，称为平面的画面迹线；与基面的交线，称为平面的基面迹线。如图 5-29 所示，空间平面 R，其画面迹线为 Rg，基面迹线为 Rp，两迹线必然在基线 g-g 上相交于点 N。基面迹线 Rg 的透视与基透视重合为一条直线 NFy，N 点为迹点，另一点 Fy 在视平线 h-h 上，为迹线 Rg 的灭点；画面迹线 Rp 的透视即其自身，其基透视与基线 g-g 重合。由于画面迹线的应用更多，所以我们约定，如仅提"迹线"一词，就默认为画面迹线 Rp。

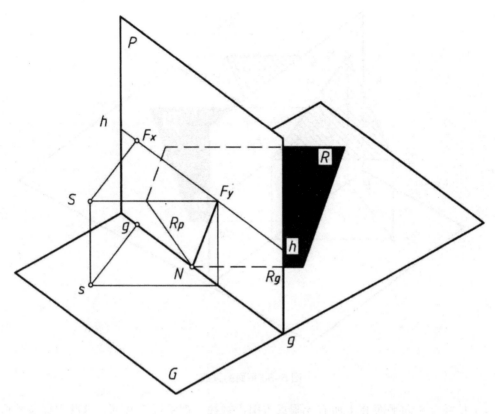

图 5–29 平面的迹线

（2）灭线

平面的灭线是由平面上所有无限远的点的透视集合而成的，也就是说，平面上各个方向的直线的灭点集合而成为平面的灭线。

如图 5-30 所示，为平面灭线的求法，可以看出以下几点。

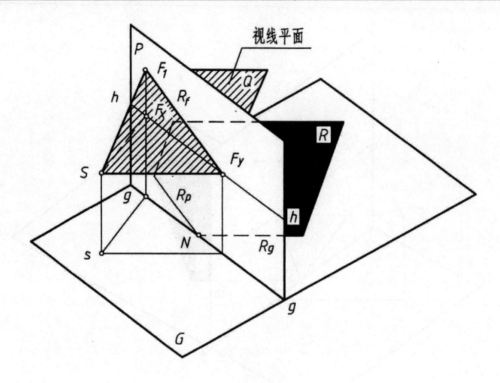

图 5-30 平面的灭线

1）从视点 S 向平面 R 上所有无限远点引出视线，都平行于 R 面，这些视线自然形成了一个平行于 R 面的视线平面 Q，此视线平面与画面相交，其交线 Rf 就是 R 面的灭线。它必然是一条直线。

2）求平面 R 的灭线，只要求得 R 平面上任意两个不同方向的直线的灭点，再连成直线，就得到该平面的灭线。图 5-30 中，F、Fy 分别为平面 R 上两个不同方向的直线的灭点，连接起来即为平面 R 的灭线 Rf。

3）视线平面 Q 与平面 R 既然相互平行，那么，R 平面的灭线 Rf 与迹线 Rp 毫无疑问也是相互平行的。

第三节　透视图的分类

一、常用透视图的分类

建筑物由于它与画面间相对位置的变化，它的长、宽、高三组主要方向的轮廓线，与画面可能平行，也可能相交。与画面相交的轮廓线，在透视图中就会形成灭点（称为主向灭点）；而与画面平行的轮廓线，在透视图中就没有灭点。因此，透视图一般就按照画面上主向灭点的多少，分为以下三种：一点透视、两点透视、三点透视。

1. 一点透视

如果建筑物有两组主向轮廓线平行于画面，其透视就不会有灭点，而第三组轮廓线就必然垂直于画面，其灭点就是心点 s° （见图 5-31），这样画出的透视，称为一点透视。其特点很明显，只有一个方向的立面平行于画面，故又称正面透视。

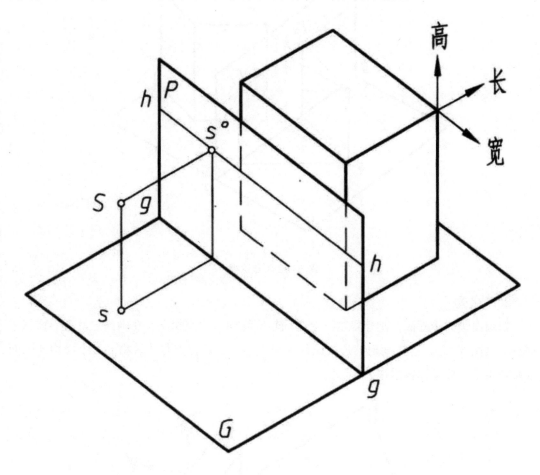

图 5-31 一点透视

2. 两点透视

如果建筑物仅有铅垂轮廓线与画面平行，而另外两组水平的主向轮廓线均与画面斜交，这样就在画面上形成了两个灭点，把长度方向的灭点称为 Fx，宽度方向的灭点称为 Fy，这两个灭点都在视平线 h-h 上（见图 5-32），这样画出的透视图，称为两点透视。其特点是建筑物的两个立面均与画面成倾斜角度，故又称成角透视。

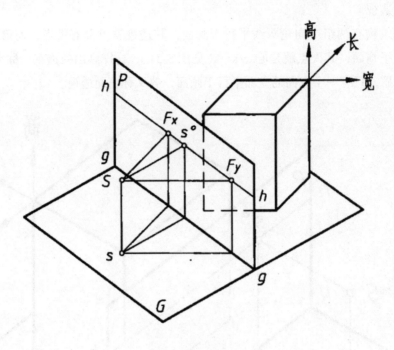

图 5-32 两点透视

3. 三点透视

如画面倾斜于基面,则建筑物三个主向轮廓线均与画面相交,在画面上就会形成三个灭点(见图 5-33),这样画出的透视图称为三点透视。其特点是建筑物的三个面均与画面成倾斜角度,故又称斜透视。

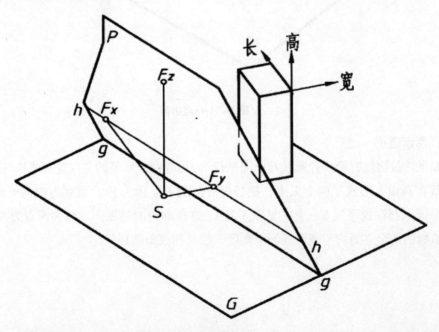

图 5-33 三点透视

二、视觉范围和视点选定

视点、画面和建筑物三者之间相对位置的变化，直接影响所绘透视图的形象。从几何学的观点说，视点、画面和物体相对位置，不论如何安排，都可以准确地画出建筑物的透视图。从生理学的角度说，人眼的视觉范围也决定了所描绘的建筑物的形象。因此，画透视图时，应尽可能符合人们在正常情况下直接观看建筑物时所获得的视觉印象。

在画建筑物的透视图时，安排视点和画面的相对位置，并选择适当的视觉范围，对透视图起着决定性的作用，否则就可能使透视图产生畸形失真，而不能正确地反映设计意图，让人们无法从透视图中了解建筑物的造型特征。

1. 人眼的视觉范围

如图 5-34 所示，当人固定住头部，用一只眼睛观看前方的环境和物体时，不断转动自己的眼珠其所见是有一定范围的。此范围是以人眼（视点 S）为顶点、以中心视线为轴线的锥面，称为视锥。视锥的顶角，称为视角。根据专门的测定知道，视锥是椭圆锥，其水平视角 $\alpha \leq 120°$ ~148°（对一只眼睛而言）；垂直视角 $\leq 110°$ 。

视锥面与画面相交所得的封闭曲线内的区域，称为视域（或称视野）。人眼的视域接近于椭圆形，其长轴是水平的。在视域中清晰可辨的，只是其中很小的一部分。为了简单起见，一般就把视锥近似地看作是正圆锥，视域则成为正圆。

上述的视角和视域，一般称为生理视角和生理视域。自人眼向所描绘物体的轮廓引出的视线形成的视锥，其视角和视域，一般称为实物视角和实物视域。

在绘制建筑物透视图时，生理视角通常被控制在 60° 以内，而以 30° ~40° 为佳。在特殊情况下，如绘制室内透视，由于受到空间的限制，视角可稍大于 60° ，但无论如何也不宜超过 90° ，否则透视开始产生畸形失真的倾向。

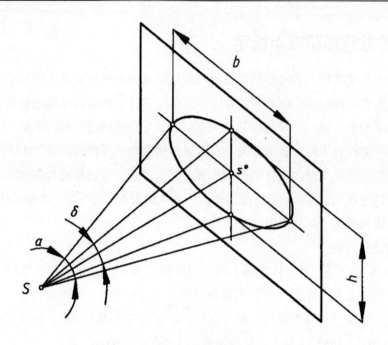

图 5-34 视锥的形成

在图 5-35 中画出了几个正立方体的两点透视，并画出了以 s° 点为圆心的圆，以表示视角为 60° 的视域。在视域范围内的几个正立方体，其透视看来比较真切、自然，而处于视域外的正立方体，其透视形象则出现程度不同的变形，偏离视域圆周越远，其畸变越甚。若超出了两灭点外侧，则其透视让观更难者接受。

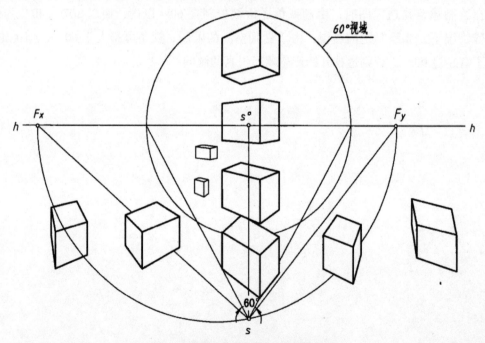

图 5-35 视觉范围与透视形象的关系

同时，还应注意的是，立体的透视虽然处于视域之内，但由于立体体积过小，所形成的实物视角过小，换言之，也就是两灭点相距太远，使得立体上诸水平线的透视消失现象削弱，致使透视形象近似于轴测投影。同样不能让观者满意。在图 5-35 中的两个较小的正立方体的透视，就属于这种情况。

综上可得，视角的大小，对透视形象影响极大。

2. 视点的选定

视点的选定，包括在平面图上确定站点的位置和在画面上确定视平线的高度两个方面。

（1）确定站点的位置

确定站点的位置，应考虑以下几点要求。

1）保证视角大小适宜。应将所描绘的建筑物纳入设定的生理视角范围之内，同时，又不使物体形成的实物视角过小。

2）站点的选定应使绘成的透视能充分体现出建筑物的整体造型特点。

当站点位于 s1 处 [见图 5-36(a)]，则透视能够充分表达建筑物的整体造型特点。如将站点选在 s2 处 [见图 5-36(b)]，则透视图效果不好，应尽量避免这类情况的发生。

3）站点应尽可能确定在实际环境所许可的位置上。

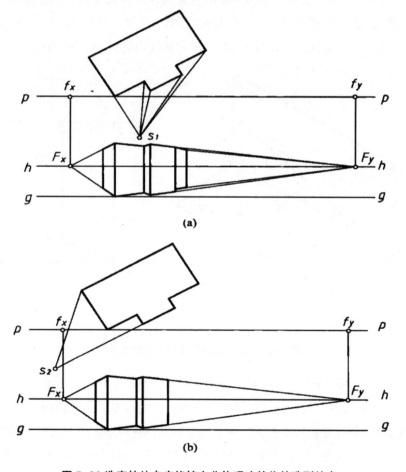

图 5-36 选定的站点应能够充分体现建筑物的造型特点

（2）确定视高，即确定视平线与基线间的距离

一般可按人的身高（1.5~1.8 m）确定，但有时为使透视图取得特殊效果，而将视高适当提高或降低。降低视平线，透视图中的建筑形象给人以高耸雄伟之感；视平线提高，可使地面在透视图中展现得比较开阔。

第四节　透视图的常用画法

一、建筑师法

1.基面上直线线段的透视画法

建筑方案的平面图是设想画在基面上的平面图形，而它是由许多直线线段所组成的，所以画出基面上直线线段的透视即可求出基面上的平面的透视。

如图 5-37（a）所示，基面上直线 AB 的迹点为 T，其灭点为 F，连接 TF 即为 AB 的全线透视，透视 A°B° 必在 TF 上。为求 A°、B° 两点，可自视点 S 向 A、B 两点引两条视线 SA、SB，其在基面上的正投影 sA、sB 与基线相交于 ag、bg 两点。

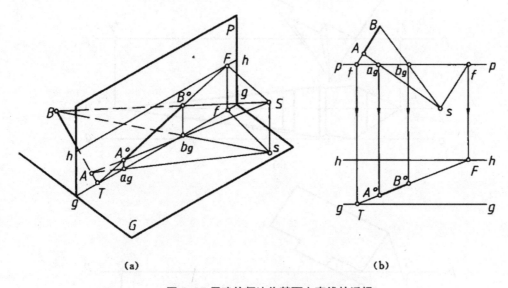

(a)　　　　　　　　　　(b)

图 5-37 用建筑师法作基面上直线的透视

作图过程如图 5-37（b）所示，首先要实现空间问题的平面化，具体而言，就是将基面和画面转到一个平面内，然后分开，上下对齐安放，使得基面上的画面位置线 p-p 和画面上的视平线 h-h、基线 g-g 三线平行。在基面上延长 AB 与 p-p 交于点 t，再过站点 s 平行于 AB 作 sf，与 p-p 交于点 f；自 t、f 两点作垂线，与画面上的 g-g 线交于点 T，与画面上的 h-h 线交于点 F，T、F 分别为直线 AB 的迹点和灭点，则直线 AB 的透视 A° B° 必

在直线 TF 上；过站点 s 引视线 SA、SB 的水平投影 sA、sB，与 p-p 交于点 ag、bg；自 ag、bg 引垂线与 TF 相交于点 A°、B°，A° B° 即为直线 AB 的透视。

这种利用迹点和灭点确定直线的全线透视，然后再借助视线的水平投影求作直线的透视法，叫作建筑师法（或称视线法）。

2. 用建筑师法作透视平面图

图 5-38 所示，为用建筑师法作建筑平面图的透视，其具体步骤可以分为以下四步。

（1）求两个主向灭点 Fx、Fy

自站点 s 平行于两主向作视线交 p-p 于点 fx、fy，再由 fx、fy 作垂线交 h-h 于两个主向灭点 Fx、Fy。

（2）求画面上点 a 的透视

空间点 a 落于画面上，其透视 a° 在基线上。自点 a 作垂线交 g-g 于点 a°。

（3）求其他各点 b、c、d、... 的透视

连接 a° Fx 和 a° Fy，即得 ad、ac 线的全线透视；由点 s 向 b、c、d 各点引视线交 p-p 线于点 bg、cg、dg、…再由这些交点作垂线分别交于各自的全线透视，即得 b、c、d、…各点的透视 b°、c°、d°、…

类似 de 线，由于其平行于 Y 方向，可以直接连接 d°、Fy，再从 eg 作垂线交 d° F 入于 e°，即得 e 点的透视。

（4）完成平面图的透视

找到平面图上各顶点的透视以后，按照空间顺序依次连接，完成作图。

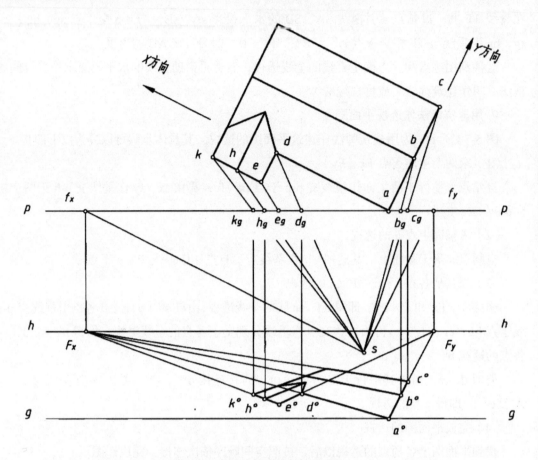

图 5-38 用建筑师法作透视平面图

二、全线相交法

1. 全线相交法的基本概念

利用两组主向直线的全线透视直接相交而得到的透视平面图的画法,叫作全线相交法。主要步骤包括:

(1)将平面图上两组主要方向的所有直线都延长到与画面相交,求得所有直线的迹点;

(2)求出平面图中两主向直线的灭点;

(3)将基线上所有迹点与相应的灭点连接,就得到两组主向直线的全线透视,彼此相交形成一个透视网格;

(4)透视网格中相应的交点,即是相应的两直线全线透视的交点,顺次连接即得平面图形透视。

2. 用全线相交法作透视平面图

如图 5-39 所示,用全线相交法作建筑平面图的透视,其具体做法为:

(1)将平面图上两组主要方向的所有直线都延长到与画面相交,求得全部迹点;1、3、

5、a 为 Y 方向直线的迹点，2、a、4、6、8 为 X 方向直线的迹点；

（2）求出平面图中两主向直线的灭点 Fx、Fy；

（3）将基线上所有迹点与相应的灭点连接，就得到两组主向直线的全线透视，彼此相交形成一个透视网格；

（4）透视网格中相应的交点，即是相应的两直线全线透视的交点，顺次连接即得平面图形透视。

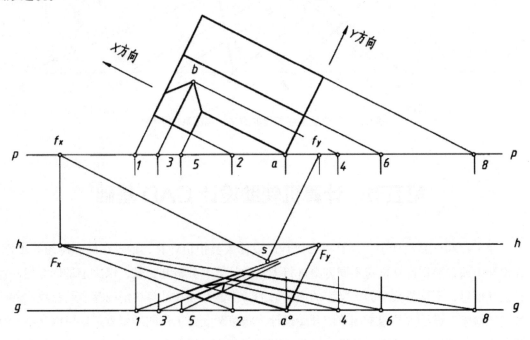

图 5-39 用全线相交法作透视平面图

为提高透视图形的准确度，可以用降低或升高基线的方法来绘制透视图。如图 5-40 所示，针对同一幅建筑平面图，其他条件完全相同，通过改变基线的高度，就能够得到不同效果的透视图。基线为 g-g 的透视图，比较"扁平"，降低基线高度，将基线置于 g1-g1 的位置，得到的透视图比较"舒展"，效果更好一些。同时，从图中可以看出，无论基线的高度如何变化，所画出的各个透视图，其上相应的顶点总是位于同一竖直线上。需要注意的是，全线相交法不适用于求作一点透视。

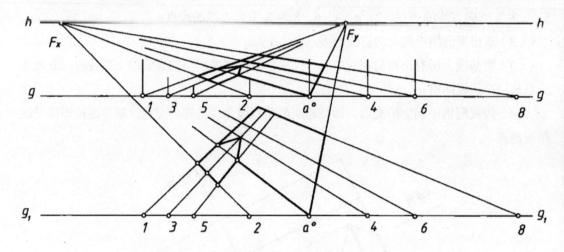

图 5-40 用改变基线高度的方法提高图形的准确度

第五节　计算机辅助设计 CAD 基础

在工程和产品设计中，计算机可以帮助设计人员担负计算、信息存储和制图等工作。在设计中通常要用计算机对不同方案进行大量的计算、分析和比较，以决定最优方案；各种设计信息，不论是数字的、文字的或图形的，都能存放在计算机的内存或硬盘里，并能快速地检索；设计人员通常用草图开始设计，将草图变为工作图的繁重工作可以交给计算机完成；由计算机自动产生的设计结果，可以快速作出图形显示出来，使设计人员及时对设计做出判断和修改；利用计算机可以进行与图形的编辑、放大、缩小、平移和旋转等有关的图形数据加工工作。CAD 能够减轻设计人员的劳动，缩短设计周期和提高设计质量。

一、Auto CAD 绘图软件

Auto CAD 是由美国 Auto desk 公司开发的通用计算机辅助设计软件，具有易于掌握、使用方便、体系结构开放等优点，能够绘制二维图形与三维图形、标注尺寸、渲染图形以及打印输出图纸，当前已广泛应用于机械建筑、电子、航天、造船、石油化工、土木工程、冶金、地质、气象、纺织轻工、商业等领域。

1. 软件简介

Auto CAD 是一个专业的计算机辅助设计程序，主要用来精确绘制二维图形，而且能够创建照片级的三维实物效果，广泛地应用于建筑设计、机械制造、电子电路设计等诸多领域。最新版的 Auto CAD 在概念设计阶段提供了更为强大的视觉工具，促进了设计师们从传统的二维设计向更为直观的三维设计进行转变。Auto CAD 能够帮助用户在一个统一的环境下灵活地完成概念设计和细节设计，并且在相同的环境下进行创作、管理和分享设计作品。对设计师来说，始终在一个熟悉的界面环境下工作，对工作效率的提高是不言而喻的。Auto CAD 的概念设计特点使得用户可以更快、更轻松地寻找到适合的设计方式，然后将这种信息作为细节设计的基础。Auto CAD 非常适合那些传统的、原来用手工进行概念设计的专业人员，极大地加快了设计进程。

Auto CAD 平台拥有强大、直观的工作界面，可以轻松而快速地进行外观图形的创作和修改，它还具有一些新特性，能够使得更多其他行业的用户在项目设计初期进行探索设计构思，并将主要的精力放在设计本身而不是复杂的工具上。

Auto desk 的产品还将利用 Auto CAD 平台改进的优势，使本来已经非常强大的三维模型环境又得以提高。对于使用多种 Auto desk 设计工具（如 Auto CAD、Auto desk Revit 或 Auto desk Inventor）的用户来说，其资料交换和协同工作的能力显著提高。通过在整个产品线中将技术标准化，客户可以利用这些应用软件，将三维设计环境上升到一个更高的水平。

2. 初识其界面及其基本操作

中文版 Auto CAD 为用户提供了"Auto CAD 经典"和"三维建模"两种工作空间模式。对于习惯于 Auto CAD 传统界面用户来说，可以采用"Auto CAD 经典工作空间"。主要由标题栏、菜单栏、工具栏、绘图窗口、命令行与文本窗口、状态行等元素组成。

（1）标题栏

标题栏位于应用程序窗口的最上面，用于显示当前正在运行的程序名及文件名等信息，如果是 Auto CAD 默认的图形文件，其名称为 Drawing N.dwg（N 是数字）。单击标题栏右端的按钮，可以最小化、最大化或关闭应用程序窗口。标题栏最左边是应用程序的小图标，单击它将会弹出一个 Auto CAD 窗口控制下拉菜单，可以执行最小化或最大化窗口、恢复窗口、移动窗口、关闭 Auto CAD 等操作。

（2）菜单栏与快捷菜单

中文版 Auto CAD 的菜单栏由"文件""编辑""视图"等菜单组成，几乎包括了 Auto CAD 中全部的功能和命令。

快捷菜单又称为上下文相关菜单。在绘图区域、工具栏、状态行、模型与布局选项卡以及一些对话框上右击时，将弹出一个快捷菜单，该菜单中的命令与 Auto CAD 当前状态相关。使用它们可以在不启动菜单栏的情况下快速、高效地完成某些操作。

（3）工具栏

工具栏是应用程序调用命令的另一种方式，它包含许多由图标表示的命令按钮。在 Auto CAD 中，系统共提供了 20 多个已命名的工具栏。默认情况下，"标准""属性""绘图"和"修改"等工具栏处于打开状态。如果要显示当前隐藏的工具栏，可在任意工具栏上右击，此时将弹出一个快捷菜单，通过选择命令可以显示或关闭相应的工具栏。

（4）绘图窗口

在 Auto CAD 中，绘图窗口是用户绘图的工作区域，所有的绘图结果都反映在这个窗口中。可以根据需要关闭其周围和里面的各个工具栏，以增大绘图空间。如果图纸比较大，需要查看未显示部分时，可以单击窗口右边与下边滚动条上的箭头，或拖动滚动条上的滑块来移动图纸。

在绘图窗口中除了显示当前的绘图结果外，还显示了当前使用的坐标系类型及坐标原点、X轴、Y轴、Z轴的方向等。默认情况下，坐标系为世界坐标系（WCS）。

绘图窗口的下方有"模型"和"布局"选项卡，单击其标签可以在模型空间或图纸空间之间来回切换。

（5）命令行与文本窗口

"命令行"窗口位于绘图窗口的底部，用于接收用户输入的命令，并显示Auto CAD提示信息。在Auto CAD中，"命令行"窗口可以拖放为浮动窗口。

"Auto CAD文本窗口"是记录Auto CAD命令的窗口，是放大的"命令行"窗口，它记录了已执行的命令，也可以用来输入新命令。在Auto CAD中，可以选择"视图"→"显示"→"文本窗口"命令、执行TEXTSCR命令或按F2键来打开Auto CAD文本窗口，它记录了对文档进行的所有操作。

（6）状态行

状态行用来显示Auto CAD当前的状态，如当前光标的坐标、命令和按钮的说明等。

在绘图窗口中移动光标时，状态行的"坐标"区将动态地显示当前坐标值。坐标显示取决于所选择的模式和程序中运行的命令，共有"相对""绝对"和"无"三种模式。

状态行中还包括如"捕捉""栅格""正交""极轴""对象捕捉""对象追踪"、DUCS、DYN、"线宽""模型"（或"图纸"）10个功能按钮。

3.图形文件管理

在Auto CAD中，图形文件管理包括创建新的图形文件、打开已有的图形文件、关闭图形文件及保存图形文件等操作。

（1）创建新图形文件

选择"文件"→"新建"命令（NEW），或在"标准"工具栏中单击"新建"按钮，可以创建新图形文件，此时将打开"选择样板"对话框。

（2）打开图形文件

选择"文件"→"打开"命令（OPEN），或在"标准"工具栏中单击"打开"按钮，可以打开已有的图形文件，此时将打开"选择文件"对话框。选择需要打开的图形文件，在右面的"预览"框中，将显示出该图形的预览图像。默认情况下，打开的图形文件的格式类型为dwg。

（3）保存图形文件

在Auto CAD中，可以使用多种方式将所绘图形以文件形式存入磁盘。例如，可以选择"文件"→"保存"命令（QSAVE），或在"标准"工具栏中单击"保存"按钮，以当前使用的文件名保存图形；也可以选择"文件"→"另存为"命令（SAVEAS），将当前图形以新的名称保存。

（4）关闭图形文件

选择"文件"→"关闭"命令（CLOSE），或在绘图窗口中单击"关闭"按钮，可以关闭当前图形文件。如果当前图形没有存盘，系统将弹出 Auto CAD 警告对话框，询问是否保存文件。此时，单击"是（Y）"按钮或直接按 Enter 键，可以保存当前图形文件并将其关闭；单击"否（N）"按钮，可以关闭当前图形文件但不存盘；单击"取消"按钮，取消关闭当前图形文件操作，既不保存，也不关闭。

4. 使用命令与系统变量

在 Auto CAD 中，图形文件管理包括创建新的图形文件、打开已有的图形文件、关闭图形文件及保存图形文件等操作。

在 Auto CAD 中，菜单命令、工具按钮、命令和系统变量大都是相互对应的。可以选择某一菜单命令，或单击某个工具按钮，或在命令行中输入命令和系统变量来执行相应命令。可以说，命令是 Auto CAD 绘制与编辑图形的核心。

（1）使用鼠标操作执行命令

在绘图窗口，光标通常显示为"十"字线形式。当光标移至菜单选项、工具或对话框内时，它会变成一个箭头。无论光标是"十"字线形式还是箭头形式，当单击或者按动鼠标键时，都会执行相应的命令或动作。在 Auto CAD 中，鼠标键是按照下述规则定义的。

1）拾取键：通常指鼠标左键，用于指定屏幕上的点，也可以用来选择 Windows 对象、Auto CAD 对象、工具栏按钮和菜单命令等。

2）回车键：指鼠标右键，相当于 Enter 键，用于结束当前使用的命令，此时系统将根据当前绘图状态而弹出不同的快捷菜单。

3）弹出菜单：当使用 Shift 键和鼠标右键的组合时，系统将弹出一个快捷菜单，用于设置捕捉点的方法。

（2）使用命令行

在 Auto CAD 中，默认情况下"命令行"是一个可固定的窗口，可以在当前命令行提示下输入命令、对象参数等内容。对大多数命令，"命令行"中可以显示执行完的两条命令提示（也叫命令历史），而对于一些输出命令，如 TIME、LIST 命令，需要在放大的"命令行"或"Auto CAD 文本窗口"中才能完全显示。

在"命令行"窗口中右击，Auto CAD 将显示一个快捷菜单。通过它可以选择最近使用过的 6 个命令、复制选定的文字或全部命令历史记录、粘贴文字，以及打开"选项"对话框。在命令行中，还可以使用 Backspace 键或 Delete 键删除命令行中的文字；也可以选中命令历史，并执行"粘贴到命令行"命令，将其粘贴到命令行中。

（3）使用透明命令

在 Auto CAD 中，透明命令是指在执行其他命令的过程中可以执行的命令。常使用的透明命令多为修改图形设置的命令、绘图辅助工具命令，如 SNAP、GRID、ZOOM 等。

要以透明方式使用命令，应在输入命令之前输入单引号（'）。命令行中，透明命令的提示前有一个双折号（>>）。完成透明命令后，将继续执行原命令。

（4）使用系统变量

在 Auto CAD 中，系统变量用于控制某些功能和设计环境、命令的工作方式，它可以打开或关闭捕捉、栅格或正交等绘图模式，设置默认的填充图案，或存储当前图形和 Auto CAD 配置的有关信息。

系统变量通常是 6~10 个字符长的缩写名称。许多系统变量有简单的开关设置。例如，GRIDMODE 系统变量用来显示或关闭栅格，当在命令行的"输入 GRIDMODE 的新值 <1>："提示下输入 0 时，可以关闭栅格显示；输入 1 时，可以打开栅格显示。有些系统变量则用来存储数值或文字，如 DATE 系统变量用来存储当前日期。

可以在对话框中修改系统变量，也可以直接在命令行中修改系统变量。例如，要使用 ISOLINES 系统变量修改曲面的线框密度，可在命令行提示下输入该系统变量名称并按 Enter 键，然后输入新的系统变量值并按 Enter 键即可，详细操作如下。

命令：ISOLINES（输入系统变量名称）

输入 ISOLINES 的新值 <4>：32（输入系统变量的新值）

5. 设置参数选项

通常情况下，安装好 Auto CAD 后就可以在其默认状态下绘制图形，但有时为了使用特殊的定点设备、打印机，或提高绘图效率，用户需要在绘制图形前先对系统参数进行必要的设置。

选择"工具"→"选项"命令（OPTIONS），可打开"选项"对话框。在该对话框中包含"文件""显示""打开和保存""打印和发布""系统""用户系统配置""草图""三维建模""选择"和"配置"10 个选项卡。

6. 设置图形单位与绘图区域

在 Auto CAD 中，用户可以采用 1∶1 的比例因子绘图，因此，所有的直线、圆和其他对象都可以以真实大小来绘制。例如，如果一个零件长 200 cm，那么它也可以按 200 cm 的真实大小来绘制，在需要打印出图时，再将图形按图纸大小进行缩放。在中文版 Auto CAD 中，用户可以选择"格式"→"单位"命令，在打开的"图形单位"对话框中设置绘图时使用的长度单位、角度单位，以及单位的显示格式和精度等参数。

在中文版 Auto CAD 中，用户不仅可以通过设置参数选项和图形单位来设置绘图环境，还可以设置绘图图限。使用 LIMITS 命令可以在模型空间中设置一个想象的矩形绘图区域，也称为图限。它确定的区域是可见栅格指示的区域，也是选择"视图"→"缩放"→"全部"命令时决定显示多大图形的一个参数。

二、基本绘图命令的使用

任何图形都是由点、直线、圆等最基本的图索构成，那么要想快速、准确地绘图，则必须掌握基本绘图命令的使用方法。所谓的基本绘图命令就是指向计算机发布用户想要绘制的各种图形的信息，做到人机交换。基本绘图命令已存在于 Auto CAD 系统的内部中，绘图时可以随时调用。

1. 绘图菜单

绘图菜单是绘制图形最基本、最常用的方法，其中包含了 Auto CAD 的大部分绘图命令。选择该菜单中的命令或子命令，可绘制出相应的二维图形。

2. 绘图工具栏

绘图工具栏中的每个工具按钮都与绘图菜单中的绘图命令相对应。

3. 屏幕菜单

屏幕菜单是 Auto CAD 的另一种菜单形式。选择其中的"工具 1"和"工具 2"子菜单，可以使用绘图相关工具。"工具 1"和"工具 2"子菜单中的每个命令分别与 Auto CAD 的绘图命令相对应。默认情况下，系统不显示屏幕菜单，但可以通过选择"工具"→"选项"命令，打开"选项"对话框，在"显示"选项卡的"窗口元素"选项组中选中"显示屏幕菜单"复选框将其显示。

4. 绘图命令

使用绘图命令也可以绘制图形，在命令提示行中输入绘图命令，按 Enter 键，并根据命令行的提示信息进行绘图操作。这种方法速度快捷、准确性高，但要求掌握绘图命令及其选择项的具体用法。

Auto CAD 在实际绘图时，采用命令行工作机制，以命令的方式实现用户与系统的信息交互，而前面介绍的三种绘图方法是为了方便操作而设置的，是三种不同的调用绘图命令的方式。

三、绘图编辑命令的使用

在 Auto CAD 中，单纯地使用绘图命令或绘图工具只能创建出一些基本图形对象，要绘制较为复杂的图形，就必须借助于图形编辑命令。在编辑图形之前，选择对象后，图形对象通常会显示夹点。夹点是一种集成的编辑模式，提供了一种方便快捷的编辑操作途径。例如，使用夹点可以对对象进行拉伸、移动、旋转、缩放及镜像等操作。

1. 选择对象的方法

在对图形进行编辑操作之前，首先需要选择要编辑的对象。在 Auto CAD 中，选择对象的方法很多。例如，可以通过单击对象逐个拾取，也可利用矩形窗口或交叉窗口选择；可以选择最近创建的对象、前面的选择集或图形中的所有对象，也可以向选择集中添加对象或从中删除对象。Auto CAD 用虚线亮显所选的对象。

2. 过滤选择

在 Auto CAD 中，可以以对象的类型（如直线、圆及圆弧等）、图层、颜色、线型或线宽等特性作为条件，过滤选择符合设定条件的对象。在命令行中输入 FILTER 命令，打开"对象选择过滤器"对话框。需要注意此时必须考虑图形中对象的这些特性是否设置为随层。

3. 快速选择

在 Auto CAD 中，当需要选择具有某些共同特性的对象时，可利用"快速选择"对话框，根据对象的图层线型、颜色、图案填充等特性和类型，创建选择集。选择"工具"→"快速选择"命令，可打开"快速选择"对话框。

4. 编组

在 Auto CAD 中，可以将图形对象进行编组以创建一种选择集，使编辑对象变得更为灵活。

（1）创建对象编组

编组是已命名的对象选择集，随图形一起保存。一个对象可以作为多个编组的成员。在命令行提示下输入 GROUP，并按 Enter 键，可打开"对象编组"对话框。

（2）修改编组

在"对象编组"对话框中，使用"修改编组选项组中的选项"可以修改对象编组中的单个成员或者对象编组本身。只有在"编组名"列表框中选择了一个对象编组后，该选项组中的按钮才可用。

5. 编辑方法

在 Auto CAD 中，用户可以使用夹点对图形进行简单编辑，或综合使用"修改"菜单和"修改"工具栏中的多种编辑命令对图形进行较为复杂的编辑。

（1）夹点

选择对象时，在对象上将显示出若干个小方框，这些小方框用来标记被选中对象的夹点，夹点就是对象上的控制点。

（2）修改菜单

修改菜单用于编辑图形，创建复杂的图形对象。修改菜单中包含了 Auto CAD 的大部分编辑命令，通过选择该菜单中的命令或子命令，可以完成对图形的所有编辑操作。

（3）修改工具栏

修改工具栏的每个工具按钮都与修改菜单中相应的绘图命令相对应，单击即可执行相应的修改操作。

6. 编辑命令

（1）删除对象

在 Auto CAD 中，可以用"删除"命令，删除选中的对象。选择"修改"→"删除"

命令（ERASE），或在"修改"工具栏中单击"删除"按钮，都可以删除图形中选中的对象。

当发出"删除"命令后，需要选择要删除的对象，然后按 Enter 键或空格键结束对象选择，同时删除已选择的对象。如果在"选项"对话框的"选择"选项卡中，选中"选择模式"选项组中的"先选择后执行"复选框，就可以先选择对象，然后单击"删除"按钮删除。

（2）复制对象

在 Auto CAD 中，可以使用"复制"命令，创建与原有对象相同的图形。选择"修改"→"复制"命令（COPY），或单击"修改"工具栏中的"复制"按钮，即可复制已有对象的副本，并放置到指定的位置。执行该命令时，首先需要选择对象，然后指定位移的基点和位移矢量（相对于基点的方向和大小）。使用"复制"命令还可以同时创建多个副本。在"指定第二个点或 [退出（E）/ 放弃（U）]< 退出 >："提示下，通过连续指定位移的第二点来创建该对象的其他副本，直到按 Enter 键结束。

（3）镜像对象

在 Auto CAD 中，可以使用"镜像"命令，将对象以镜像轴对称复制。选择"修改"→"镜像"命令（MIRROR），或在"修改"工具栏中单击"镜像"按钮即可。

执行该命令时，需要选择要镜像的对象，然后依次指定镜像线上的两个端点，命令行将显示"删除源对象吗？ [是（Y）/ 否（N）]<N>："提示信息。如果直接按 Enter 键，则镜像复制对象，并保留原来的对象；如果输入 Y，则在镜像复制对象的同时删除原对象。

在 Auto CAD 中，使用系统变量 MIRRTEXT 可以控制文字对象的镜像方向。如果 MIRRTEXT 的值为 1，则文字对象完全镜像，镜像出来的文字变得不可读；如果 MIRRTEXT 的值为 0，则文字对象方向不镜像。

（4）偏移对象

在 Auto CAD 中，可以使用"偏移"命令，对指定的直线、圆弧、圆等对象做同心偏移复制。在实际应用中，常利用"偏移"命令的特性创建平行线或等距离分布图形。

选择"修改"→"偏移"命令（OFFSET），或在"修改"工具栏中单击"偏移"按钮，执行"偏移"命令，其命令行显示如下提示："指定偏移距离或 [通过（T）/ 删除（E）/ 图层（L）]< 通过 >："。

默认情况下，需要指定偏移距离，再选择要偏移复制的对象，然后指定偏移方向，以复制出对象。

（5）阵列对象

在 Auto CAD 中，还可以通过"阵列"命令多重复制对象。选择"修改"→"阵列"命令（AR-RAY），或在"修改"工具栏中单击"阵列"按钮，都可以打开"阵列"对话框，可以在该对话框中设置以矩形阵列或者环形阵列方式多重复制对象。

在"阵列"对话框中，选择"矩形阵列"单选按钮，可以以矩形阵列方式复制对象。

在"阵列"对话框中，选择"环形阵列"单选按钮，可以以环形阵列方式复制对象。

（6）移动对象

移动对象是指对象的重定位。选择"修改"→"移动"命令（MOVE），或在"修改"工具栏中单击"移动"按钮，可以在指定方向上按指定距离移动对象，对象的位置发生了改变，但方向和大小不改变。要移动对象，首先选择要移动的对象，然后指定位移的基点和位移矢量。在命令行的"指定基点或 [位移]< 位移 >"提示下，如果单击或以键盘输入形式给出了基点坐标，命令行将显示"指定第二点或 < 使用第一个点作位移 >"提示；如果按 Enter 键，那么所给出的基点坐标值就作为偏移量，即将该点作为原点（0，0），然后将图形相对于该点移动由基点设定的偏移量。

（7）旋转对象

选择"修改"→"旋转"命令（ROTATE），或在"修改"工具栏中单击"修改"按钮，可以将对象绕基点旋转指定的角度。

执行该命令后，从命令行显示的"UCS 当前的正角方向：ANGDIR= 逆时针 ANGBASE=0"提示信息中，可以了解到当前的正角度方向（如逆时针方向），零角度方向与 X 轴正方向的夹角（如 0°）。

选择要旋转的对象（可以依次选择多个对象），并指定旋转的基点，命令行将显示"指定旋转角度或 [复制（C）参照（R)]<0>"提示信息。如果直接输入角度值，则可以将对象绕基点转动该角度，角度为正时逆时针旋转，角度为负时顺时针旋转；如果选择"参照（R）"选项，将以参照方式旋转对象，需要依次指定参照方向的角度值和相对于参照方向的角度值。

（8）修剪对象

在 Auto CAD 中，可以使用"修剪"命令缩短对象。选择"修改"→"修剪"命令（TRIM），或在"修改"工具栏中单击"修剪"按钮，可以以某一对象为剪切边修剪其他对象。

在 Auto CAD 中，可以作为剪切边的对象有直线、圆弧、圆、椭圆或椭圆弧、多段线、样条曲线、构造线、射线及文字等。剪切边也可以同时作为被剪边。默认情况下，选择要修剪的对象（选择被剪边），系统将以剪切边为界，将被剪切对象上位于拾取点一侧的部分剪切掉。如果按下 Shift 键，同时选择与修剪边不相交的对象，修剪边将变为延伸边界，将选择的对象延伸至与修剪边界相交。

（9）缩放对象

在 Auto CAD 中，可以使用"缩放"命令按比例增大或缩小对象。选择"修改"→"缩放"命令（SCALE），或在"修改"工具栏中单击"缩放"按钮，可以将对象按指定的比例因子相对于基点进行尺寸缩放。先选择对象，然后指定基点，命令行将显示"指定比例因子或 [复制（C)/ 参照（R)]<1.0000>"提示信息。如果直接指定缩放的比例因子，对象将根据该比例因子相对于基点缩放，当比例因子大于 0 而小于 1 时缩小对象，当比例因子大于 1 时放大对象；如果选择"参照（R）"选项，对象将按参照的方式缩放，需要依次输入参照长度的值和新的长度值，Auto CAD 根据参照长度与新长度的值自动计算比例因子（比例因子＝新长度值／参照长度值），然后进行缩放。

（10）倒角对象

在 Auto CAD 中，可以使用"倒角"命令修改对象使其以平角相接。选择"修改"→"倒角"命令（CHAMFER），或在"修改"工具栏中单击"倒角"按钮，即可为对象绘制倒角。

（11）圆角对象

在 Auto CAD 中，可以使用"圆角"命令修改对象使其以圆角相接。选择"修改"→"圆角"命令（FILLET），或在"修改"工具栏中单击"圆角"按钮，即可对对象用圆弧修圆角。

修圆角的方法与修倒角的方法相似，在命令行提示中，选择"半径（R）"选项，即可设置圆角的半径大小。

（12）编辑对象特性

对象特性包含一般特性和几何特性。一般特性包括对象的颜色、线型、图层及线宽等，几何特性包括对象的尺寸和位置。可以直接在"特性"选项板中设置和修改对象的特性。

打开"特性"选项板的方法如下。

选择"修改"→"特性"命令，或选择"工具"→"特性"命令，也可以在"标准"工具栏中单击"特性"按钮，打开"特性"选项板。

"特性"选项板默认处于浮动状态。在"特性"选项板的标题栏上右击，将弹出一个快捷菜单。可通过该快捷菜单确定是否隐藏选项板、是否在选项板内显示特性的说明部分以及是否将选项板锁定在主窗口中。

"特性"选项板的功能：

"特性"选项板中显示了当前选择集中对象的所有特性和特性值当选中多个对象时，将显示它们的共有特性。可以通过它浏览、修改对象的特性，也可以通过它浏览、修改满足应用程序接口标准的第三方应用程序对象。

四、图案填充

要重复绘制某些图案以填充图形中的一个区域，从而表达该区域的特征，这种填充操作称为图案填充。图案填充的应用非常广泛，如在机械工程图中，可以用图案填充表达一个剖切的区域，也可以使用不同的图案填充来表达不同的零部件或材料。

选择"绘图"→"图案填充"命令（BHATCH），或在"绘图"工具栏中单击"图案填充"按钮，打开"图案填充和渐变色"对话框的"图案填充"选项卡，可以设置图案填充时的类型和图案、角度和比例等特性。

1. 填充类型和图案

在"类型和图案"选项组中，可以设置图案填充的类型和图案，主要选项的功能如下。

"类型"下拉列表框:设置填充的图案类型，包括"预定义""用户定义"和"自定义"3个选项。其中，选择"预定义"选项，可以使用 Auto CAD 提供的图案；选择"用户定义"

选项，则需要临时定义图案，该图案由一组平行线或者相互垂直的两组平行线组成；选择"自定义"选项，可以使用事先定义好的图案。

"图案"下拉列表框：设置填充的图案，当在"类型"下拉列表框中选择"预定义"时该选项可用。在该下拉列表框中可以根据图案名选择图案，也可以单击其后的按钮，在打开的"填充图案"选项板对话框中进行选择。

"样例"预览窗口：显示当前选中的图案样例，单击所选的样例图案，也可打开"填充图案"选项板对话框选择图案。

"自定义图案"下拉列表框：选择自定义图案，在"类型"下拉列表框中选择"自定义"类型时该选项可用。

2. 填充角度与比例

在"角度和比例"选项组中，可以设置用户定义类型的图案填充的角度和比例等参数，主要选项的功能如下。

"角度"下拉列表框：设置填充图案的旋转角度，每种图案在定义时的旋转角度都为0。

"比例"下拉列表框：设置图案填充时的比例值。每种图案在定义时的初始比例为1，可以根据需要放大或缩小。在"类型"下拉列表框中选择"用户自定义"时该选项不可用。

"双向"复选框：当在"图案填充"选项卡中的"类型"下拉列表框中选择"用户定义"选项时，选中该复选框，可以使用相互垂直的两组平行线填充图形；否则为一组平行线。

"相对图纸空间"复选框：设置比例是否为相对于图纸空间的比例。

"间距"文本框：设置填充平行线之间的距离，当在"类型"下拉列表框中选择"用户自定义"时，该选项才可用。

"ISO 笔宽"下拉列表框：设置笔的宽度，当填充图案采用 ISO 图案时，该选项才可用。

3. 填充边界

在"边界"选项组中，包括"拾取点""选择对象"等按钮，其功能如下。

"拾取点"按钮：以拾取点的形式来指定填充区域的边界。单击该按钮切换到绘图窗口，可在需要填充的区域内任意指定一点，系统会自动计算出包围该点的封闭填充边界，同时亮显该边界。如果在拾取点后系统不能形成封闭的填充边界，则会显示错误提示信息。

"选择对象"按钮：单击该按钮将切换到绘图窗口，可以通过选择对象的方式来定义填充区域的边界。

"删除边界"按钮：单击该按钮可以取消系统自动计算或用户指定的边界。

"重新创建边界"按钮：重新创建图案填充边界。

"查看选择集"按钮：查看已定义的填充边界。单击该按钮，切换到绘图窗口，已定义的填充边界将亮显。

4. 设置孤岛和边界

在进行图案填充时，通常将位于一个已定义好的填充区域内的封闭区域称为孤岛。单击"图案填充和渐变色"对话框右下角的按钮，将显示更多选项，可以对孤岛和边界进行设置。

5. 编辑图案填充

创建了图案填充后，如果需要修改填充图案或修改图案区域的边界，可选择"修改"→"对象"→"图案填充"命令，然后在绘图窗口中单击需要编辑的图案填充，这时将打开"图案填充编辑"对话框。

"图案填充编辑"对话框与"图案填充和渐变色"对话框的内容完全相同，只是定义填充边界和对孤岛操作的某些按钮不再可用。

五、文字

文字对象是 Auto CAD 图形中很重要的图形元素，是机械制图和工程制图中不可缺少的组成部分。在一个完整的图样中，通常都包含一些文字注释来标注图样中的一些非图形信息。例如，机械工程图形中的技术要求、装配说明，以及工程制图中的材料说明、施工要求等。

1. 创建文字样式

在 Auto CAD 中，所有文字都有与之相关联的文字样式。在创建文字注释和尺寸标注时，Auto CAD 通常使用当前的文字样式，也可以根据具体要求重新设置文字样式或创建新的样式。文字样式包括文字"字体""字形""高度""宽度系数""倾斜角""反向""倒置"及"垂直"等参数。选择"格式"→"文字样式"命令，打开"文字样式"对话框。利用该对话框可以修改或创建文字样式，并设置文字的当前样式。

（1）设置样式名

"文字样式"对话框的"样式名"选项组中显示了文字样式的名称、创建新的文字样式、为已有的文字样式重命名或删除文字样式。

（2）设置字体

"文字样式"对话框的"字体"选项组用于设置文字样式使用的字体和字高等属性。其中，"字体名"下拉列表框用于选择字体；"字体样式"下列表框用于选择字体格式，如斜体、粗体和常规字体等；"高度"文本框用于设置文字的高度。选中"使用大字体"复选框，"字体样式"下拉列表框变为"大字体"下拉列表框，用于选择大字体文件。

如果将文字的高度设为 0，在使用 TEXT 命令标注文字时，命令行将显示"指定高度"提示，要求指定文字的高度。如果在"高度"文本框中输入了文字高度，Auto CAD 将按此高度标注文字，而不再提示指定高度。

（3）设置文字效果

在"文字样式"对话框中，使用"效果"选项组中的选项可以设置文字的颠倒、反向、垂直等显示效果。

（4）预览与应用文字样式

在"文字样式"对话框的"预览"选项组中，可以预览所选择或所设置的文字样式效果。其中，在"预览"按钮左侧的文本框中输入要预览的字符，单击"预览"按钮，可以将输入的字符按当前文字样式显示在预览框中。

2. 创建单行文字

在 Auto CAD 中，"文字"工具栏可以创建和编辑文字。对于单行文字来说，每一行都是一个文字对象，选择"绘图"→"文字"→"单行文字"命令（DTEXT），或在"文字"工具栏中单击"单行文字"按钮，可以创建单行文字对象。

单行文字可进行单独编辑。编辑单行文字包括编辑文字的内容，对正方式及缩放比例，可以选择"修改"→"对象"→"文字"子菜单中的命令进行设置。各命令的功能如下。

"编辑"命令（DDEDIT）：选择该命令，然后在绘图窗口中单击需要编辑的单行文字，进入文字编辑状态，可以重新输入文本内容。

"比例"命令（SCALETEXT）：选择该命令，然后在绘图窗口中单击需要编辑的单行文字，此时需要输入缩放的基点以及指定新高度、匹配对象（M）或缩放比例（S）。

"对正"命令（JUSTIFYTEXT）：选择该命令，然后在绘图窗口中单击需要编辑的单行文字，此时可以重新设置文字的对正方式。

3. 创建多行文字

"多行文字"又称为段落文字，是一种更易于管理的文字对象，可以由两行以上的文字组成，而且各行文字都是作为一个整体处理。选择"绘图"→"文字"→"多行文字"命令（MTEXT），或在"绘图"工具栏中单击"多行文字"按钮，然后在绘图窗口中指定一个用来放置多行文字的矩形区域，将打开"文字格式"工具栏和文字输入窗口。利用它们可以设置多行文字的样式、字体及大小等属性。

要编辑创建的多行文字，可选择"修改"→"对象"→"文字"→"编辑"命令（DDEDIT），并单击创建的多行文字，打开多行文字编辑窗口，然后参照多行文字的设置方法，修改并编辑文字。

也可以在绘图窗口中双击输入的多行文字，或在输入的多行文字上右击，从弹出的快捷菜单中选择"重复编辑多行文字"命令或"编辑多行文字"命令，打开"文字格式"对话框。

六、显示控制

在中文版 Auto CAD 中，用户可以使用多种方法来观察绘图窗口中的图形效果，如使用"视图"菜单中的子命令"视图"工具栏中的工具按钮以及视口、鸟瞰视图等。通过这些方式可以灵活观察图形的整体效果或局部细节。

1. 重画与重生成图形

在绘图和编辑过程中，屏幕上常常留下对象的拾取标记，这些临时标记并不是图形中的对象，有时会使当前图形画面显得混乱，这时就可以使用 Auto CAD 的重画与重生成图形功能清除这些临时标记。

（1）重画图形

在 Auto CAD 中，使用"重画"命令，系统将在显示内存中更新屏幕，消除临时标记。使用重画命令（REDRAW），可以更新用户使用的当前视区。

（2）重生成图形

重生成与重画在本质上是不同的，利用"重生成"命令可重生成屏幕，此时系统从硬盘中调用当前图形的数据，比"重画"命令执行速度慢，更新屏幕花费时间较长。在 Auto CAD 中，某些操作只有在使用"重生成"命令后才生效，如改变点的格式。如果一直使用某个命令修改编辑图形，但该图形似乎看不出发生什么变化，此时可使用"重生成"命令更新屏幕显示。

"重生成"命令有以下两种形式：选择"视图"→"重生成"命令（REGEN）可以更新当前视区；选择"视图"→"全部重生成"命令（REGENALL），可以同时更新多重视图。

2. 缩放与平移视图

按一定比例、观察位置和角度显示的图形称为视图。在 Auto CAD 中，可以通过缩放视图来观察图形对象。缩放视图可以增加或减少图形对象的屏幕显示尺寸，但对象的真实尺寸保持不变。通过改变显示区域和图形对象的大小更准确、更详细地绘图。

（1）"缩放"菜单和"缩放"工具栏

在 Auto CAD 中，选择"视图"→"缩放"命令（ZOOM）中的子命令或使用"缩放"工具栏，可以缩放视图。

通常，在绘制图形的局部细节时，需要使用缩放工具放大该绘图区域，当绘制完成后，再使用缩放工具缩小图形来观察图形的整体效果。常用的缩放命令或工具有"实时""窗口""动态"和"中心点"。

1）实时缩放视图

选择"视图"→"缩放"→"实时"命令，或在"标准"工具栏中单击"实时缩放"按钮，进入实时缩放模式，此时鼠标指针呈放大镜形状。此时向上拖动光标可放大整个图形；向下拖动光标可缩小整个图形；释放鼠标后停止缩放。

2）窗口缩放视图

选择"视图"→"缩放"→"窗口"命令，可以在屏幕上拾取两个对角点以确定一个矩形窗口，之后系统将矩形范围内的图形放大至整个屏幕。在使用窗口缩放时，如果系统变量 REGENAUTO 设置为关闭状态，则与当前显示设置的界线相比，拾取区域显得过小。系统提示将重新生成图形，并询问是否继续下去，此时应回答 No，并重新选择较大的窗口区域。

3）动态缩放视图

选择"视图"→"缩放"→"动态"命令，可以动态缩放视图。当进入动态缩放模式时，在屏幕中将显示一个带"×"的矩形方框。单击鼠标左键，此时选择窗口中心的"×"消失，显示一个位于右边框的方向箭头，拖动鼠标可改变选择窗口的大小，以确定选择区域大小，最后按下 Enter 键，即可缩放图形。

4）设置视图中心点

选择"视图"→"缩放"→"中心点"命令，在图形中指定一点，然后指定一个缩放比例因子或者指定高度值来显示一个新视图，而选择的点将作为该新视图的中心点。如果输入的数值比默认值小，则会增大图像。如果输入的数值比默认值大，则会缩小图像。要指定相对的显示比例，可输入带 x 的比例因子数值。例如，输入 2x 将显示比当前视图大两倍的视图。如果正在使用浮动视口，则可以输入 xp 来相对于图纸空间进行比例缩放。

（2）平移视图

使用平移视图命令，可以重新定位图形，以便看清图形的其他部分。此时不会改变图形中对象的位置或比例，只改变视图。

3. 使用鸟瞰视图

"鸟瞰视图"属于定位工具，它提供了一种可视化平移和缩放视图的方法。可以在另外一个独立的窗口中显示整个图形视图以便快速移动到目的区域。在绘图时，如果鸟瞰视图保持打开状态，则可以直接缩放和平移，无须选择菜单选项或输入命令。

4. 使用平铺视图

在绘图时，为了方便编辑，常常需要将图形的局部进行放大，以显示细节。当需要观察图形的整体效果时，仅使用单一的绘图视图已无法满足需要了。此时，可使用 Auto CAD 的平铺视口功能，将绘图窗图划分为若干视图。

5. 控制可见元素的显示

在 Auto CAD 中，图形的复杂程度会直接影响系统刷新屏幕或处理命令的速度。为了提高程序的性能，可以关闭文字、线宽或填充显示。

（1）控制填充显示

使用 FILL 变量可以打开或关闭宽线、宽多段线和实体填充。当关闭填充时，可以提高 Auto CAD 的显示处理速度。

当实体填充模式关闭时，填充不可打印。但是，改变填充模式的设置并不影响显示具有线宽的对象。当修改了实体填充模式后，使用"视图"→"重生成"命令可以查看效果且新对象将自动反映新的设置。

（2）控制线宽显示

当在模型空间或图纸空间中工作时，为了提高 Auto CAD 的显示处理速度，可以关闭线宽显示。单击状态栏上的"线宽"按钮或使用"线宽设置"对话框，可以切换线宽显示的开和关。线宽以实际尺寸打印，但在模型选项卡中与像素成比例显示，任何线宽的宽度如果超过了一个像素就有可能降低 Auto CAD 的显示处理速度。如果要使 Auto CAD 的显示性能最优，则在图形中工作时应该把线宽显示关闭。

七、尺寸标注

在图形设计中，尺寸标注是绘图设计工作中的一项重要内容，因为绘制图形的根本目的是反映对象的形状，而图形中各个对象的真实大小和相互位置只有经过尺寸标注后才能确定。Auto CAD 包含了一套完整的尺寸标注命令和实用程序，用户使用它们足以完成图纸中要求的尺寸标注。

1. 创建尺寸标注的基本步骤

在 Auto CAD 中对图形进行尺寸标注的基本步骤如下。

（1）选择"格式"→"图层"命令，在打开的"图层特性管理器"对话框中创建一个独立的图层，用于尺寸标注。

（2）选择"格式"→"文字样式"命令，在打开的"文字样式"对话框中创建一种文字样式，用于尺寸标注。

（3）选择"格式"→"标注样式"命令，在打开的"标注样式管理器"对话框设置标注样式。

（4）使用对象捕捉和标注等功能，对图形中的元素进行标注。

创建标注样式：

在 Auto CAD 中，使用"标注样式"可以控制标注的格式和外观，建立强制执行的绘图标准，并有利于对标注格式及用途进行修改。要创建标注样式，选择"格式"→"标注样式"命令，打开"标注样式管理器"对话框，单击"新建"按钮，在打开的"创建新标注样式"对话框中即可创建新标注样式。

2. 线性标注

用户选择"标注"→"线性"命令（DIMLINEAR），或在"标注"工具栏中单击"线性"按钮，可创建用于标注用户坐标系 XY 平面中的两个点之间的距离测量值，并通过指定点或选择一个对象来实现。

3. 对齐标注

选择"标注"→"对齐"命令（DIMALIGNED），或在"标注"工具栏中单击"对齐"按钮，可以对对象进行对齐标注。

对齐标注是线性标注尺寸的一种特殊形式。在对直线段进行标注时，如果该直线的倾斜角度未知，那么使用线性标注方法将无法得到准确的测量结果，这时可以使用对齐标注。

4. 基线标注

选择"标注"→"基线"命令（DIMBASELINE），或在"标注"工具栏中单击"基线"按钮，可以创建一系列由相同的标注原点测量出来的标注。

与连续标注一样，在进行基线标注之前也必须先创建（或选择）一个线性、坐标或角度标注作为基准标注，然后执行 DIMBASELINE 命令，此时命令行提示如下信息。

指定第二条尺寸界线原点或 [放弃（U）/ 选择（S)]< 选择 > :

在该提示下，可以直接确定下一个尺寸的第二条尺寸界线的起始点。Auto CAD 将按基线标注方式标注出尺寸，直到按下 Enter 键结束命令为止。

5. 连续标注

选择"标注"→"连续"命令（DIMCONTINUE），或在"标注"工具栏中单击"连续"按钮，可以创建一系列端对端放置的标注，每个连续标注都从前一个标注的第二个尺寸界线处开始。

在进行连续标注之前，必须先创建（或选择）一个线性、坐标或角度标注作为基准标注，以确定连续标注所需要的前一尺寸标注的尺寸界线，然后执行 DIMCONTINUE 命令，此时命令行提示如下信息。

指定第二条尺寸界线原点或 [放弃（U）/ 选择（S)]< 选择 > :

在该提示下，当确定了下一个尺寸的第二条尺寸界线原点后，Auto CAD 按连续标注方式标注出尺寸，即把上一个或所选标注的第二条尺寸界线作为新尺寸标注的第一条尺寸界线标注尺寸。当标注完成后，按 Enter 键即可结束该命令。

6. 半径标注

选择"标注"→"半径"命令（DIMRADIUS），或在"标注"工具栏中单击"半径"按钮，可以标注圆和圆弧的半径。执行该命令，并选择要标注半径的圆弧或圆，此时命令行提示如下信息。

指定尺寸线位置或 [多行文字（M）/ 文字（T）/ 角度（A)] :

当指定了尺寸线的位置后，系统将按实际测量值标注出圆或圆弧的半径。也可以利用"多行文字（M）""文字（T）"或"角度（A）"选项，确定尺寸文字或尺寸文字的旋转角度。其中，当通过"多行文字（M）"和"文字（T）"选项重新确定尺寸文字时，只有给输入的尺寸文字加前缀 R，才能使标出的半径尺寸有半径符号 R，否则没有该符号。

7. 直径标注

选择"标注"→"直径"命令（DIMDIAMETER），或在"标注"工具栏中单击"直径标注"按钮，可以标注圆和圆弧的直径。

直径标注的方法与半径标注的方法相同。当选择了需要标注直径的圆或圆弧后，直接确定尺寸线的位置，系统将按实际测量值标注出圆或圆弧的直径。并且，当通过"多行文字（M）"和"文字（T）"选项重新确定尺寸文字时，需要在尺寸文字前加前缀 %%C，才能使标出的直径尺寸有直径符号。

8. 角度标注

选择"标注"→"角度"命令（DIMANGULAR），或在"标注"工具栏中单击"角度"按钮，都可以测量圆和圆弧的角度、两条直线间的角度，或者三点间的角度。

9. 引线标注

选择"标注"→"引线"命令（QLEADER），或在"标注"工具栏中单击"快速引线"

按钮，都可以创建引线和注释，而且引线和注释可以有多种格式。

10. 快速标注

选择"标注"→"快速标注"命令，或在"标注"工具栏中单击"快速标注"按钮，都可以快速创建成组的基线、连续、阶梯和坐标标注，快速标注多个圆、圆弧，以及编辑现有标注的布局。执行"快速标注"命令，并选择需要标注尺寸的各图形对象，命令行提示如下信息。

指定尺寸线位置或 [连续（C）/ 并列（S）/ 基线（B）/ 坐标（O）/ 半径（R）/ 直径（D）/ 基准点（P）/ 编辑（E）/ 设置（T）]< 连续 >：

由此可见，使用该命令可以进行"连续（C）""并列（S）""基线（B）""坐标（O）""半径（R）"及"直径（D）"等一系列标注。

11. 形位公差标注

选择"标注"→"公差"命令，或在"标注"工具栏中单击"公差"按钮，打开"形位公差"对话框，可以设置公差的符号、值及基准等参数。

12. 编辑标注对象

在 Auto CAD 中，可以对已标注对象的文字、位置及样式等内容进行修改，而不必删除所标注的尺寸对象再重新进行标注。

（1）编辑标注

在"标注"工具栏中，单击"编辑标注"按钮，即可编辑已有标注的标注文字内容和放置位置，此时命令行提示如下信息。

输入标注编辑类型 [默认（H）/ 新建（N）/ 旋转（R）/ 倾斜（O）]< 默认 >：

（2）编辑标注文字的位置

选择"标注"→"对齐文字"子菜单中的命令，或在"标注"工具栏中单击"编辑标注文字"按钮，都可以修改尺寸的文字位置。选择需要修改的尺寸对象后，命令行提示如下信息。

指定标注文字的新位置或 [左（L）/ 右（R）/ 中心（C）/ 默认（H）/ 角度（A）]：

默认情况下，可以通过拖动光标来确定尺寸文字的新位置，也可以输入相应的选项指定标注文字的新位置。

（3）替代标注

选择"标注"→"替代"命令（DIMOVERRIDE），可以临时修改尺寸标注的系统变量设置，并按该设置修改尺寸标注。该操作只对指定的尺寸对象做修改，并且修改后不影响原系统的变量设置。执行该时，命令行提示如下信息。

输入要替代的标注变量名或 [清除替代（C）]：

默认情况下，输入要修改的系统变量名，并为该变量指定一个新值。然后选择需要修改的对象，这时指定的尺寸对象将按新的变量设置做相应的更改。如果在命令提示下输入 C，并选掸需要修改的对象，这时可以取消用户已做出的修改，并将尺寸对象恢复成在当前系统变量设置下的标注形式。

（4）更新标注

选择"标注"→"更新"命令，或在"标注"工具栏中单击"标注更新"按钮，都可以更新标注，使其采用当前的标注样式，此时命令行提示如下信息。

输入标注样式选项 [保存（S）/ 恢复（R）/ 状态（ST）/ 变量（V）/ 应用（A）/?]< 恢复 >：

（5）尺寸关联

尺寸关联是指所标注尺寸与被标注对象有关联关系。如果标注的尺寸值是按自动测量值标注，且尺寸标注是按尺寸关联模式标注的，那么改变被标注对象的大小后相应的标注尺寸也将发生改变，即尺寸界线、尺寸线的位置都将改变到相应新位置，尺寸值也改变成新测量值。反之，改变尺寸界线起始点的位置，尺寸值也会发生相应的变化。

八、图块应用

在绘制图形时，如果图形中有大量相同或相似的内容，或者所绘制的图形与已有的图形文件相同，则可以把要重复绘制的图形创建成块（也称为图块），并根据需要为块创建属性，指定块的名称、用途及设计者等信息，在需要时直接插入它们，从而提高绘图效率。

1. 创建与编辑块

块是一个或多个对象组成的对象集合，常用于绘制复杂、重复的图形。一旦一组对象组合成块，就可以根据作图需要将这组对象插入图中任意指定位置，而且可以按不同的比例和旋转角度插入。在 Auto CAD 中，使用块可以提高绘图速度、节省存储空间、便于修改图形。

（1）创建块

选择"绘图"→"块"→"创建"命令（BLOCK），打开"块定义"对话框，可以将已绘制的对象创建为块。

（2）插入块

选择"插入"→"块"命令（INSERT），打开"插入"对话框。用户可以利用它在图形中插入块或其他图形，并且在插入块的同时还可以改变所插入块或图形的比例与旋转角度。

（3）存储块

在 Auto CAD 中，使用 WBLOCK 命令可以将块以文件的形式写入磁盘。执行 WBLOCK 命令将打开"写块"对话框。

2. 编辑与管理块属性

块属性是附属于块的非图形信息，是块的组成部分，可包含在块定义中的文字对象。在定义一个块时，属性必须预先定义而后选定。通常属性用于在块的插入过程中进行自动注释。

（1）创建并使用带有属性的块

选择"绘图"→"块"→"定义属性"命令（ATTDEF），可以使用打开的"属性定义"对话框创建块属性。

（2）在图形中插入带属性定义的块

在创建带有附加属性的块时，需要同时选择块属性作为块的成员对象。带有属性的块创建完成后，就可以使用"插入"对话框，在文档中插入该块。

（3）修改属性定义

选择"修改"→"对象"→"文字"→"编辑"命令（DDEDIT）或双击块属性，打开"编辑属性定义"对话框。使用"标记""提示"和"默认"文本框可以编辑块中定义的标记、提示及默认值属性。

（4）编辑块属性

选择"修改"→"对象"→"属性"→"单个"命令（EATTEDIT），或在"修改 I"工具栏中单击"编辑属性"按钮，都可以编辑块对象的属性。在绘图窗口中选择需要编辑的块对象后，系统将打开"增强属性编辑器"对话框。

（5）块属性管理器

选择"修改"→"对象"→"属性"→"块属性管理器"命令（BATTMAN），或在"修改 II"工具栏中单击"块属性管理器"按钮，都可打开"块属性管理器"对话框，可在其中管理块中的属性。

第六章 环境设计

环境设计与人们的日常生活紧密相关，环境设计水平的提高是人与环境、人与自然和谐发展，以及人们生活水平与质量不断改善的重要标志。可见，环境设计在人们生活中的有着越来越重要的地位，因此，本章就针对环境设计的基本内容展开详细介绍。

第一节 环境设计的概念

1. 环境与环境艺术设计的概念

"环境"一词在《新华字典》里被定义为"周围一切事物"。英文里"环境"对应的有surrounding 和 environment 两个词，两者都指一个人四周的生活环境，但后者更强调环境对人的感受、道德及观念的影响，而不仅仅是客观物质存在。这里所讨论的"环境"应指围绕我们四周的、人们赖以生活和居住的环境。因此，环境艺术设计关注的是人的活动环境场所的组织、布局、结构、功能和审美，以及这些场所为人使用和被人体验的方式，其目的是提高人类居住环境的质量。经过规划的人居环境往往组织规范空间、体量、表面和实体，它们的材料、色彩和质感，以及自然方面的要素如光与影、水和空气、植物，或者抽象要素如空间等级、比例、尺度等，以获得一个令人愉悦的美感。许多环境艺术设计作品还同时具有社会、文化的象征意义。简而言之，环境艺术设计是针对人居环境的规划、设计、管理、保护和更新的艺术。

环境艺术设计是指环境艺术工程的空间规划和艺术构想方案的综合计划，其中包括了环境与设施计划、空间与装饰计划、造型与构造计划、材料与色彩计划、采光与布光计划、使用功能与审美功能的计划等，其表现手法也是多种多样的。

2. 环境艺术设计的相关学科

环境设计涉及的主要学科有室内设计、建筑学、城市设计、景观学、人机工程学、行为学、环境心理学、艺术学、技术美学、工程技术、家具与陈设等学科。此外，现代环境艺术设计不仅涉及艺术与技术两大方面，还与社会学科密切相关。多种学科的交叉与融合，共同构成了外延广阔、内涵丰富的环境艺术。

3. 环境艺术设计的原则

环境艺术设计具有场所性、尺度人性化、使用者参与和整体设计以及可持续性等原则。

（1）场所性原则

所谓场所，是被社会活动激活并赋予了适宜行为的文化含义的空间。一个场所除了分享一些人所共知的社会背景和引导人的共性的行为外，还具有其独特性，没有两个场所是相同的，即使这两个场所看上去多么的相似。这种独特性源自每个场所位于的不同的具体位置及该场所与其他社会的、空间的要素的关联。尽管如此，场所与场所之间仍然在物质上或精神意念上紧密相连。此外，场所还有历史，有过去、现在和未来。场所随其所蕴含的场地、文化等背景信息一同生长、繁荣、凋萎。

综上可知，场所艺术不仅指物质实体、空间外壳这些可见的部分，还包括不可见的但是确实在对人起作用的部分，如氛围、活动范围、声、光、电、热、风、雨、云等，它们是作用于人的视觉、听觉、触觉和心理、生理、物理等方面的诸多因素。一个好的物质空间是一个好的场所的基础，但不是充分条件。

环境设计的目的不仅是创造一个好的物质空间，更是一个好的精神场所，即给人以场所感；场所感包括经验认知和情感认知。形成"场所感"的关键问题是，经营位置和有效地利用自然和人文的各种材料和手段（如光线、阴影、声音、地形、历史典故等），形成这一环境特有的性格特征。因此，环境艺术设计就是建造场所的艺术。

（2）尺度人性化原则

现代城市中的高楼大厦、巨型多功能综合体、快速交通网，往往缺乏细部，背离人的尺度。今天我们建成的很多场所和产品并不能像它们应该做到的那样，很好地服务于使用者，使其感觉舒适。相反，在现今的建成环境里，我们总是不断地受累于超尺度、不适宜的街道景观、建筑及交通方式等。很多人在未经过多现代设计和发展的历史古城里流连忘返，就是因为古城提供了一系列我们当代设计所未能给予的质量，其中的核心便是亲切宜人的尺度。江南水乡、皖南民居和欧洲中世纪的古城如威尼斯等，是人性化的尺度在环境设计上成功的典范。同样，平易近人的街巷尺度赋予了法国首都巴黎、瑞士首都伯尔尼在现代化的同时保留了无穷的魅力。

（3）使用者参与和整体设计的原则

1）使用者参与的原则

环境是为人所使用的，设计与使用的积极互动有助于提升环境艺术设计的质量。从某种程度上讲，建成环境从本质上应提供给使用者民主的氛围，通过最大的选择性为使用者创造丰富的选择机会，以鼓励使用者的互动参与，这样的环境才具有活力，才能引起使用者的共鸣。因此，我们的环境设计不仅为机动车交通的使用者提供方便，也要为步行者提供适宜的场所，而后者直接体现在人性化的尺度和氛围里。

2）整体设计的原则

环境艺术设计，特别是城市公共环境设计，其使用者应包括各类人士、社会各阶层的成员，特别应关注长久以来被忽视的弱势群体。我国当前已进入老龄化社会，同时拥有基数庞大的残障人士。所以，环境艺术的设计既要考虑到正常人的便利、舒适、体贴，还要考虑到使用这些环境的特殊人群,如残障人士、老年人和儿童。

整体设计包含并且拓展的这一目标。整体设计服务于与环境相联系的所有设计原则。

（4）可持续性原则

20世纪初开始,英文里的environment(环境)一词通常用于表达"自然环境"或"生态环境"的语意,指人类及其他生物赖以生存的生物圈。关注这个自然环境的设计时常被称为环境设计。所以,环境（艺术）设计也常被误解为"（生态）环境设计",反之亦然。这种情形于新兴的环境艺术设计专业来说是限制,亦是机会。

一直以来,有关对（生态）环境的关注或设计被认为是环境专家或专门研究环境的设计师的事,有的认为这需要造价昂贵的新技术支持,有的干脆认为这是一种"风格"而予以抗拒。事实上,可持续设计不是一种风格,不应华而不实,而是一种对设计实践系统化的管理和方法,以达到良好的环境评价标准。从空间布局到环境细部,可持续设计无处不在。传统的村落依山傍水,结合利用地形地势,民居建筑对当地气候的适应,都是人类有意或无意地利用可持续设计原则的范例。每一个设计师必须拥有可持续设计的常识和态度。原则性地去理解可持续设计才能使科技与设计互通有无,相互支持。

正如许多设计领域正在努力适应生态、环境的要求这一新情况,如浙江民居,环境（艺术）设计可以从一开始就接纳这一新概念,并引领一个可持续发展的时代。

第二节　环境设计的历史发展

1. 建筑与环境设计的产生与发展

（1）中国的建筑与环境设计发展概况。中国夏商两代已经出现了壁垒森严的城市和建于夯土台上的大殿,并产生了中国传统建筑的基本空间要素——廊院。春秋战国时期的建筑追求高大、华丽和宏伟,瓦、砖、斗拱及高台建筑开始出现。秦汉是中国建筑艺术发展的第一个高峰,阿房宫和始皇陵均为该时期大手笔的建筑作品。唐代是中国历史上的辉煌期,也是中国木构建筑的成熟期。唐代建筑技术的最大成就便是斗拱的完善和木构架体系的成熟。宋代在建筑装饰及色彩处理上有较大的发展。明清两代在建筑群体组合及空间围合的营造上取得了很大的成就。

（2）古埃及的建筑与环境设计。金字塔是埃及文明的见证,它采用了简洁的几何形,形成了一种典型的纪念建筑风格,最著名的是吉萨金字塔群。

古埃及的庙宇是由住宅扩大而成,采用石材作为横梁的石梁柱结构,空间中柱子大而密,密密的柱子和采用的高侧窗采光使庙宇室内充满一种神秘感。如著名的阿蒙神庙。

（3）古希腊的建筑与环境设计。以雅典卫城为代表的古希腊神庙建筑,其平面形式有圆形神庙、端柱式、列柱式、列柱用廊式,立面由三角形山花和端部柱廊构成。希腊建筑刻意安排不对称。古希腊有三种成熟的柱式,多立克柱式、爱奥尼克式和科林斯柱式,帕提农神庙同时使用多立克和爱奥尼克柱式。

（4）欧洲中世纪的建筑与环境设计。拜占庭风格影响早期基督教建筑，利用帆拱解决了将圆屋顶放在多边形平面上的难题，于是屋顶造型由帆拱上放置弯顶取代了十字拱。代表作是圣索菲亚大教堂。哥特式建筑使用双圆心的尖券和尖拱，减轻侧推力和结构厚度，飞扶壁的运用可使高度降低，扩大采光面积。

（5）新艺术运动的建筑与环境设计。新艺术运动拒绝复古和传统式样，提倡运用现代材料和技术（如铁和玻璃）。新艺术运动的基本主题纹样是 S 形曲线。由于铁便于制作各种曲线，因此室内装饰中大量应用铁构件。

（6）现代主义的建筑与环境设计。

格罗皮乌斯创立了第一个培养现代设计人才的学校——包豪斯，并亲自设计学校的校舍。该设计既表达了建筑相互之间的有机关系，又体现了现代主义的设计。

密斯凡·德罗提出了"少就是多"的口号，在建筑设计中精于对钢与玻璃的运用。为巴塞罗那博览会设计建造的德国展览馆使他赢得了广泛的国际声誉。

赖特倡导"有机建筑论"，强调建筑与环境的有机整体关系，赖特的建筑作品充满了浪漫主义色彩，其代表作品是流水别墅。

2. 园林与景观设计的产生和发展

（1）中国古典园林的历史发展概况。中国古典园林的产生和发展经历了秦汉的生成期、魏晋南北朝的转折期、隋唐的全盛期、两宋至清初的成熟前期、清中叶至清末的成熟后期。

隋唐两朝是中国园林发展的全盛期，在皇家园林方面，随西苑在沿袭"一池三山"模式的基础上开创了园中园及完整水系的规划形式。宋元明清是中国古典园林的成熟期，其内容和形式已经完全定型，造园的艺术和技术也基本达到了最高的水平。中国古典园林追求诗情画意，追求情景的交融。意境乃是中国古典园林的最高追求。

（2）西方古典园林的历史发展概况。古埃及真正的园林概念形成是在新王国时期，其庭园平面为对称的几何式，庭园为方形，中心为水池，它完全不同于中国秦代开创的一池三山格局。

古巴比伦的园林类型有猎苑、圣苑及著名的空中花园，空中花园是最早的屋顶花园。

古希腊的园林类型有宫廷庭园、文人园、宅园及公共性园林。公共性园林主要包括圣林利竞技园，竞技园成为后世欧洲体育公园的前身。

古罗马园林形式多仿希腊的柱廊园及宫廷庭园，到罗马全盛时期开创了一种新的园林形式—制墅园。

意大利文艺复兴初期仍沿装古罗马别墅庭园形式，沿山坡建园，这种依山丘地势高低分台层处理的别墅园又称台地园，是西方古典园林的重要代表类型。

（3）西方近现代园林发展概况。城市公园兴起在英国，却在美国取得了大的成就。奥姆斯特德吸收了英国风园林的精华，创造了符合时代要求的新园林，成为近代园林的奠基人。

（4）现代化景观设计的发展思路

1）设计要求创新的思路。现代技术产生的新的材料和手段，使得设计可以自如地运用光影、色彩、声音、质感等形式要素及地形、水体、植物、建筑等形体要素，创造现代景观。

2）生态化的设计思路。关于保护表土层、不再造成容易侵蚀的陡坡地段建设、保护具有生态意义的低湿地与水系、按当地生态群落进行种植设计。

3）反映文脉的设计思路。对于文化与场所的反映是后现代主义设计的一个重要主张之一。

4）追求隐喻和象征的设计思路。追求隐喻和象征也是后现代主义设计的重要主张。设计师为了体现自然理想或基地的历史环境，在设计中通过文化、形态或空间的隐喻和象征来创造有意义的形式。

5）当代艺术表现的设计思路。当代艺术越来越多地渗透到景观园林设计中，带有实验性的大地艺术借助景观设计手段找到了自己。

第三节　环境设计的特征及原则

一、环境设计的特征

1.多功能（需求）的综合特征

对于环境设计功能的理解，人们通常仅停留在使用的层面上，但除了实用因素外，环境设计还有信息传递、审美欣赏、历史文化等性质。环境设计是对多功能（需求）的一种解决方式。

2.多学科的相互交叉特征

"环境设计"长期以来就属于一个复合型的概念，较难辨析。环境艺术是一种综合的、全方位的、多元的群体存在，比城市规划更广泛、具体，比建筑更深刻，比纯艺术更贴近生活，构成因素是多方面的也是十分复杂的。由此，作为一位合格的环境设计师，掌握的知识应包括地理学、生物学、建筑学、城市规划学、城市设计学、园林学、环境生态学、人机工程学、环境心理学、美学、社会学、史学、考古学、宗教学、环境行为学、管理学等学科。

3.多要素的制约和多元素的构成特征

构成室外环境及室内环境的要素很多，室外环境最主要的要素为建筑物，此外还有铺装、道路、草坪、花坛、水体、室外设施、公共艺术品等;室内环境则包括声、光、电、水、暖通，空间界面设计、装饰装修材料、家具软装等。环境设计涉及范围广，制约要素多。

4. 公众共同参与的特征

环境设计师设计的仅仅只是一个方案，如果实施建造出来，便是一处场所，场所长期不用就成了被废弃的废墟。因此，只有公众的参与才能让环境设计变得完整。

二、环境设计的原则

1. 以人为本的原则

黑格尔说："艺术要服务于两个主子，一个服务于崇高的目的，一个服务于闲散的心情。"环境设计师无论是在设计的开始还是设计的过程中，抑或是设计的结束乃至设计的后期管理上，无不体现着以人为本的理念。在设计的开始，需要分析和考虑现状，使设计功能完整，符合要求；在设计的过程中，每个环节都需要以人的需求为原则进行设计，分析人群构成、年龄层次、文化背景等；在设计的后期，维护和管理是甲方和管理人员需要关心的问题。所有这些都与设计者、使用者息息相关。

2. 系统和整体的原则

从设计的行为特征来看，环境设计是一种强调环境整体效果的艺术。在环境设计中，对实体要素（包括室外建筑构件、景观小品等）的创造是重要的，但不是首要的，因为最重要的是对整体的室外环境的创造。居住区环境由各种室外建筑的构件、材料、色彩及周围的绿化，景观小品等要素整合构成。一个完整的环境设计不仅可以充分体现构成环境的各种要素的性质，还可以在此基础上形成统一而完美的整体效果。没有对整体效果的控制与把握，再美的形体或形式也只能是一些支离破碎或自相矛盾的局部。

3. 尊重人文历史的原则

环境设计将人文、历史、风情、地域、技术等多种元素与景观环境融合。例如，在众多的城市住宅环境中，可以有当地风俗的建筑景观，可以有异域风格的建筑景观，也可以有古典风格、现代风格或田园风格的建筑景观，这种丰富的多元形态包含了更多的内涵与神韵，如典雅与古朴、简约与细致、理性与狂放。因此，只有环境设计尊重了环境自在的原则，才能使城市的环境更加丰富多彩，使居民在住宅的选择上有更大的余地。

4. 科学、技术与艺术结合的原则

环境设计的创造是一门工程技术性科学，空间组织手段的实现必须依赖技术手段，要依靠对各种材料、工艺、技术的科学运用，才能圆满地实现设计意图。这里所说的科技性特征包括结构、材料、工艺、施工、设备、光学、声学、环保等方面。现代社会中，人们的居住要求越来越趋向于高档化、舒适化、快捷化、安全化，因此在居住区室外环境设计中出现了很多高新科技，如智能化的小区管理系统、电子监控系统、智能化生活服务网络系统，现代化通信技术等，而层出不穷的新材料使环境设计的内容在不断地充实和更新。环境设计作为一门新兴的学科，是第二次世界大战后在欧美逐渐受到重视的，它是在20世纪工业与商品经济高度发展中，科学、经济和艺术相结合的产物。它一步到位地把实用

功能和审美功能作为有机的整体统一了起来。环境设计是一个大的范畴，综合性很强，是指环境艺术工程的空间规划、艺术构想方案的综合计划，其中包括环境与设施计划、空间与装饰计划、造型与构造计划、材料与色彩计划、采光与布光计划、使用功能与审美功能的计划等。

5. 创建时空连续的原则

环境设计的时空连续原则表现在室外空间的环境应与使用者的文化层次、地区文化的特征相适应，并满足人们物质的、精神的各种需求。只有如此，才能形成一个充满文化氛围和人性情趣的环境空间。中国从南到北自然气候迥异，各民族生活方式各具特色，居住环境千差万别，因此，居住区空间环境的时空连续原则非常明显，它是极其丰富的环境设计资源。

6. 尊重民众、树立公共意识的原则

环境设计的工作范畴涉及城市设计、景观和园林设计、建筑与室内设计的有关技术与艺术问题。环境设计师从修养上讲应该是一个"通才"，除了应具备相应专业的技能和知识（城市规划、建筑学、结构与材料等），更需要深厚的文化与艺术修养，这是因为任何一种健康的审美情趣都是建立在较完整的文化结构（文化史的知识、行为科学的知识）上的。与设计师艺术修养密切相关的还有设计师自身的综合艺术观的培养、新的造型媒介和艺术手段的相互渗透。环境设计使各门类艺术在一个共享空间中向公众同时展现。作为设计师，必须尊重民众、树立公共意识的原则，具备与各类艺术交流沟通的能力，必须热情地介入不同的设计活动，协调并处理有关人们的生存环境质量的优化问题。与其他艺术和设计门类相比，环境设计师更是一个系统工程的协调者。

第四节 环境设计的内容

1. 环境设计的最高境界是艺术与科学技术的完美结合

环境设计的宗旨是美化人类的生活环境，具有实用性和艺术性双重属性。实用功能是环境设计的主要目的，也是衡量环境优劣的主要指标。环境艺术的实用性体现在满足使用者多层次的功能需求上，也反映在将想象转变为现实的过程中。为此环境设计必须借助科学技术的力量。科学，包括技术以及由此诞生的材料，是设计中的"硬件"，是环境设计得以实施的物质基础。科技的进步，创造了与其相应的日常生活用品及环境，不断改变着人们的生活方式与环境，设计师就成为名副其实地把科学技术日常化、生活化的先锋。例如，电脑和互联网的广泛应用不仅缩短了时空的距离，提高了工作效率，也使人们体验到了虚拟空间的神奇，极大地改变了人们的生活和交往模式。而新技术、新材料、新工艺对环境设计的理念、方法、实施也起着举足轻重的作用。例如，各种生态节能技术与建筑的结合使生态建筑不再停留在想象和方案阶段上，而变为现实。从设计这一大范围来说，设计就是使用一定的科技手段来创造一种理想的生活方式。

环境设计的艺术性与美学密切相关，包含了形态美、材质美、构造美及意境美。这些都往往通过"形式"来体现。对形式的考虑主要在于对点、线、面、体、色彩、肌理、质感等各形式元素以及它们之间的关系的推敲，对统一、变化、尺度、比例、重复、平衡、韵律等形式美的原则的把握和运用。环境设计的艺术性还在于它广泛吸收和借鉴了不同艺术门类的艺术语言，其中建筑、绘画、音乐、戏剧等艺术对环境设计的影响尤为突出。

艺术与科技的结合体现在形式与内容的统一造型与功能的一致上。成功的环境设计都是将艺术性与科学性完美结合的设计，"艺术与科学相连的亲属关系能提高两者的地位：科学能够给美提供主要的根据是科学的光荣；美能够把最高的结构建筑在真理之上是美的光荣"。随着环境声学、光学、心理学，生态学、植物学等学科应用于环境设计以及利用计算机科学、语言学、传播学的知识来对人与环境进行深入研究与分析，环境设计会更加深化，其艺术性与科学性会结合得更为完美。

2. 环境设计的过程是逻辑思维与形象思维有机结合的过程

环境设计是科学与艺术相结合的产物，因此环境设计思维必然是逻辑思维与形象思维的整合。

所谓逻辑思维是一种锁链式的、递进式的线性思维方式。它表现为对对象的间接的、概括的认识，用抽象的方式进行概括，并采用抽象材料（概念、理论、数字、公式等）进行思维；而形象思维则是非连续的、跳跃的、跨越性的非线性思维方式，主要采用典型化、具象化的方式进行概括，用形象作为思维的基本工具。形象思维是环境设计过程中最常用最灵活方便的一种思维方式。

逻辑思维和形象思维在实际操作中往往要共同经历两个阶段：第一个阶段是将理性与感性互融，第二个阶段是将思考通过感性形式表现出来。也就是说，在第一个阶段（接受计划酝酿方案时期），以逻辑思维为主的理性思考及创作思维需要和以形象思维为主的感性思考及创作思维结合，但设计者偏重于理性的指导，建立适当框架，对资料与元素进行全面分析和理解，最终综合、归纳，抽象地或概念性地描述设计对象，使环境艺术作品体现出秩序化、合理化的特征。在第二个阶段（表现方案逐步实施时期），理性和感性的思考及创作思维成果需要通过感性的表达方式体现出来，设计者需要以形象想象、联想为主要思考方式，抓住逻辑规律，运用形象语言表达构思。

环境设计既具有严谨、理性的一面，又有轻松、活泼、感情丰富的一面，只有把握逻辑思维和抽象思维的特性并灵活运用，将理性和感性共同融入其中，才能创造出满足人们各种物质与精神需求的环境场所。

3. 环境设计的成果是物质与精神的结合

作为人为事物的环境艺术具有物质和精神的双重本质。其物质性首先表现为组成环境的物质因素，包括自然物和人工物。自然物由空气、阳光、风、霜、雨、雪、气候、山脉、河流、土地、植被等组成，人工物（指环境中经过人的改造、加工、制造出来的事物）如建筑物、园林、广场道路、灯具、休闲设施、小品雕塑、家具、器皿等。其次，物质性还表现为环境艺术的设计与完成，须通过有形的物质材料与生产技术、工艺，进行物质的改造与生产，设计制作的结果也以物品、场所的形式出现，带有实用性。环境艺术的物质性能体现出一个民族、一个时代的生活方式及科技水准。

组成环境的精神因素通常也称为人文因素，是由于人的精神活动和文化创造而使环境向特定的方向转变或形成特定的风格与特征。这种精神因素贯穿在横向的区域、民族关系和纵向的历史、时代关系两个坐标之中。从横向上来说，不同地区、不同民族的相异的伦理道德、风俗习惯、生活方式决定着不同的环境特征；从纵向上来说，同一地区、同一民族在不同历史时代，由于生产力水平、科学技术、社会制度的不同，也必然形成不同的环境特色。精神性能反映出一个民族、一个时代的历史文脉、审美心理和审美风尚等。

人对环境具有物质需求和精神需求，因此环境设计也必须同时考虑这两方面的因素，从而创造出既舒适方便又充满意境的环境空间。

第五节　环境设计的构成要素

一、环境设计的主客体

设计师是环境设计的主体，当代环境设计师的基本素养与职业技能都是建立在环境设计师对环境、环境设计、环境设计师的概念、功能以及职责等的认识的基础上的。此外，环境设计师对各类设计材料也应该了然于胸并能熟练运用。这里将详细论述环境设计师的概念、职责与功能以及一些常用的设计材料等。

（一）环境艺术设计师的职责及素养

随着社会的发展与科学技术的进步，人们对生活水平与生活质量的要求也在不断提高。因此，环境艺术设计师们肩负着处理自然环境与人工环境关系的重要职责，他们手中的蓝图深深地影响和改变着人们的生活，也体现了国家文明与进步的程度。为此，这里主要研究环境设计师的要求及修养、环境设计师的创造性能力。

1. 环境设计师的要求及修养

（1）环境设计师的意义

虽然环境艺术设计的内容很广，从业人员的层次和分工差别也很大，但我们必须统一并达成共识：我们到底在为社会、为国家、为人类做什么？是在现代社会光怪陆离的节奏中随波逐流，还是竖起设计师责任的大旗？设计是一个充满着各种诱惑的行业，对人们的潜意识产生着深远的影响，设计师自身的才华使得设计更充满了个人成就的满足感。但是，我们要清醒地认识到设计的意义，抛弃形式主义，抛弃虚荣，做一个对社会、国家乃至人类有真正价值和贡献的设计师。环境设计师的要求主要体现在以下几个方面：

1）要确立正确的设计观。环境艺术设计师要确立正确的设计观，也就是心中要清楚设计的出发点和最终目的，以最科学合理的手段为人们创造更便捷、优越、高品质的生活环境。无论在室内还是室外，无论是有形的还是无形的，环境艺术设计师不是盲目地建造空中楼阁，工作也不是闭门造车，而是必须结合客观的实际情况，满足制约设计的各种条件。在现场，在与各种利益群体的交际中，在与同等案例的比较分析中，准确地诊断并发现问题，在协调各方利益群体的同时，能够因势利导地指出设计发展的方向，创造更多地设计附加值，传递给大众更为先进、合理、科学的设计理念。人们常说设计师的眼睛能点石成金，就是要求设计师有一双发现价值的眼睛，能知道设计的核心价值，能变废为宝，而不是人云亦云。

2）要树立科学的生态环境观念。环境艺术设计师还要树立科学的生态环境观念。这是设计师的良心，是设计的伦理。设计师有责任也有义务引导项目的投资者并与之达成共识，而不是只顾对经济利益的追逐。引导他们珍视土地与能源，树立环保意识，要尽可能地倡导经济型、节约型、可持续性的设计，而不是一味地盯在华丽的形式外表上。在资源匮乏、贫富加剧的世界环境下，这应该是设计的主流，而不是一味做所谓高端的设计产品。从包豪斯倡导的设计改变社会到为可持续发展而默默研究的设计机构，我们真的有必要从设计大师那里吸取经验和教益，理解什么是真正的设计。

3）要具有引导大众观念的责任。环境艺术设计师要具有引导大众观念的责任。用美的代替丑的，用真的代替假的，用善的代替恶的，这样的引导具有非常重要的价值。环境艺术设计师要持守这样的价值观，给群体正确的带领。环境艺术设计师的一句话也许会改变一条河、一块土地、一个区域的发展和命运，由此可见这个群体是何等重要。

（2）环境艺术设计师的修养

曾有戏言说："设计师是全才和通才。"他们的大脑要有音乐家的浪漫、画家的想象，又要有数学家的严密、文学家的批判；有诗人的才情，又有思想家的谋略；能博览群书，又能躬行实践；他是理想的缔造者，又是理想的实现者。这些都说明设计师与众不同的职业特点。一个优秀的设计师或许不是"通才"，但一定要具备下面几个方面的修养。

1）文化方面的修养。把设计师看成是"全才""通才"的一个很重要的原因是设计师的文化修养。因为环境艺术设计的属性之一就是文化属性，它要求设计师要有广博的知识面，把眼界和触觉延伸到社会、世界的各个层面，敏锐地洞察和鉴别各种文化现象、社会现象并和本专业结合。

文化修养是设计师的"学养"，意味着设计师一生都要不断地学习、提高。它有一个随着时间积累的慢性的显现过程。特别是初学者更应该像海绵一样持之以恒的吸取知识，而不可妄想一蹴而就。设计师的能力是伴随着自身知识的全面，认识的加深而日渐成熟的。

2）道德方面的修养。设计师不仅要有前瞻性的思想、强烈的使命意识、深厚的专业技能功底，还应具备全面的道德修养。道德修养包括爱国主义、义务、责任、事业、自尊和羞耻等。有时候，我们总片面地认为道德内容只是指向"为别人"，其实，加强道德修养也是为我们自己。因为，高品质道德修养的成熟意味着健全的人格、人生观和世界观的成熟。在从业的过程中能以大胸襟来看待自身和现实，就不会被短见和利益得失而挟制，就不会患得患失，这样才能在职业生涯中取得真正的成功。

环境艺术设计是如此的与生活息息相关，它需要它的创造者——设计师具备全面的修养，为环境本身，也为设计师本身。一个好的设计成果，一方面得益于设计师的聪明才智；另一方面，其实更为重要的是得益于设计师对国家、社会的正确认识，得益于他健全的人格和对世界、人生的正确理解。一个在道德修养上有缺失的设计师是无法真正赢得事业的成功的，并且环境也会因此而遭殃。重视和培养设计师的自我道德修养，也是设计师职业生涯中重要的一环。

3）技能方面的修养。技能修养指的是设计师不仅要具备"通才"的广度，更要具备"专才"的深度。我们可以看到，"环境艺术"作为一个专业确立的合理性反映出综合性、整体性的特征。这个特征，包含了两个方面的内容，一个是环境意识，另一个是审美意识，综合起来可以理解为一种宏观的审美把握。

除了综合技能，设计师也需要在单一技能上体现优势，如绘画技能、软件技能、创意理念等。其中，绘画技能是设计师的基本功，因为从理念草图的勾勒到施工图纸的绘制都与绘画有密切的联系。从设计绘图中，我们很容易分辨出一个设计师眼、脑、手的协调性与他的职业水准和职业操守。由于近五年软件的开发，很多学生甚至设计师认为绘画技能已经不重要了，认为电脑能够替代徒手绘图，这种认识是错误的。事实上，优秀的设计师历来都很重视手绘的训练和表达，从那一张张饱含创作灵感和激情的草稿中，能感受到作者力透纸背的绘画功底。

2. 环境设计师的创造性能力

设计师的创意和潜能是需要被激发出来的，而开发创造力的核心便是进行高品位的设计思维训练。创造力是设计师进行创造性活动（具有新颖性的不重复性的活动）中挥发出来的潜在能量，培养创造性能力是造就设计师创造力的主要任务。

（1）环境设计师创造能力的开发

人类认识前所未有的事物称之为"发现"，发现属于思维科学、认识科学的范畴。人类研究还没有认识事物及其内在规律的活动一般称之为"科学"；人类掌握以前所不能完成、没有完成工作的方法称之为"发明"，发明属于行为科学，属于实践科学的范畴，发明的结果一般称之为"技术"；只有做前人未做过的事情，完成前人从未完成的工作才称之为"创造"，不仅完成的结果称"创造"，其工作的过程也称之为"创造"。人类的创造以科学的发现为前提，以技术的发明为支持，以方案与过程的设计为保证。因此，人类的发现、发明、设计中都包含着创造的因素，而只有发现、发明、设计三位一体的结合，才是真正的创造。

创造力的开发是一项系统工程，一方面它既要研究创造理论、总结创造规律，还要结合哲学、科学方法论、自然辩证法、生理学、脑科学、人体科学、管理科学、思维科学、行为科学等自然科学学科与美学、心理学、文学、教育学、人才学等人文科学学科的综合知识；同时它还要结合每个人的具体状况，进行创造力开发的引导、培养、扶植。因此，对一个环境设计师来说，开发自己的创造力是一项重大而又艰苦细致的工作，对培养自己创造性思维的能力、提高设计品质具有十分重要的现实意义。

人们常把"创造力"看成智慧的金字塔，认为一般人不可高攀。其实，绝大多数人都具有创造力。人与人之间的创造力只有高低之分，而不存在有和无的界限。21世纪的现代人，已进入了一个追求生活质量的时代，这是一个物质加智慧的设计竞争时代，现代设计师应视作为一种新的机遇。这就要求设计师努力探索和挖掘创造力，以新观念、新发现、新发明、新创造迎接新时代的挑战。

按照创造力理论，人的创造力的开发是无限的。从脑细胞生理学角度测算，人一生中所调动的记忆力远远少于人的脑细胞实际工作能力。创造力学说告诉我们，人的实际创造力的大小，强弱差别主要决定于后天的培养与开发。要提高设计师的创造性、开发创造力，就应该主动地、自觉地培养自己的各种创造性素质。

（2）环境设计师创造性能力的培养

创意能力的强弱与人的个性、气质有一定的关联，但它并不是一成不变的，人们通过有针对性的训练和有意识的追求是可以逐步强化和提高的。创意能力的强弱与人们知识和经验的积累有关，通过学习和实践，能够得以改善。对创意能力进行训练，既要打破原有的定式思维，又要有科学的方案。

（二）设计材料的种类

生活中常用的环境设计材料主要有黄沙、水泥、黏土砖、木材、人造板材、钢材、瓷砖、合金材料、天然石材和各种人造材料。下面介绍的各种材料具有鲜明的时代特征，同时也反映了环境设计行业的一些特点。

在工业设计范畴内，材料是实现产品造型的前提和保障，是设计的物质基础。一个好的设计者必须在设计构思上针对不同的材料进行综合考虑，倘若不了解设计材料，设计就只能是纸上谈兵。随着社会的发展，设计材料的种类越来越多，各种新材料层出不穷。为了更好地了解材料的全貌，可以从以下几个角度来对材料进行分类。

1. 按材料的来源分类

第一类是包括木材、皮毛、石材、棉等在内的第一代天然材料。这些材料在使用时仅对其进行低度加工，而不改变其自然状态。

第二类是包括纸、水泥、金属、陶瓷、玻璃、人造板等在内的第二代加工材料。这些原材料也采用天然材料，只不过是在使用的时候，会对天然材料进行不同程度的加工。

第三类是包括塑料、橡胶、纤维等在内的第三代合成材料。这些高分子合成材料是以汽油、天然气、煤等为原材料化合而成的。

第四类是用各种金属和非金属原材料复合而成的第四代复合材料。

第五类是拥有潜在功能的高级形式的复合材料，这些材料具有一定的智能，可以随着环境条件的变化而变化。

2. 按材料的物质结构分类

按材料的物质结构分类，可以把设计材料分为四大类，如表 6-1 所示：

表 6-1 按材料的物质结构分类

设计材料	金属材料	黑色金属（铸铁、碳钢、合金钢等）
		有色金属（铜、铝及合金等）
	无机材料	石材、陶瓷、玻璃、石膏等
	有机材料	木材、皮革、塑料、橡胶等
	复合材料	玻璃钢、碳纤维复合材料

3. 按材料的形态分类

设计选用材料时，为了加工与使用的方便，往往事先将材料制成一定的形态，我们把材料的形态称为材形。不同的材形所表现出来的特性会有所不同，如钢丝、钢板、钢锭的特性就有较大的区别。钢丝的弹性最好，钢板次之，钢锭则几乎没有弹性；而钢锭的承载能力、抗冲击能力极强，钢板次之，钢丝则极其微弱。

按材料的外观形态通常将材料抽象地划分为三大类：

（1）线状材料（线材）。线材通常具有很好的抗拉性能，在造型中能起到骨架的作用。设计中常用的有钢管、钢丝、铝管、金属棒、塑料管、塑料棒、木条、竹条、藤条等。

（2）板状材料（面材）。面材通常具有较好的弹性和柔韧性，利用这一特性，可以将金属面材加工成弹簧钢板产品和冲压产品；面材也具有较好的抗拉能力，但不如线材方便和节省，因而实际中较少应用。各种材质面材之间的性能差异较大，使用时因材而异。为了满足不同功能的需要，面材可以进行复合，形成复合板材，从而起到优势互补的效果。设计中所用的板材有金属板、木板、塑料板、合成板、金属网板、皮革、纺织布、玻璃板、纸板等。

（3）块状材料（块材）。通常情况下，块材的承载能力和抗冲击能力都很强，与线材、面材相比，块材的弹性和韧性较差，但刚性却很好，且大多数块材不易受力变形，稳定性较好。块材的造型特性好，本身可以进行切削、分割、叠加等。设计中常用的块材有木材、石材、泡沫塑料、混凝土、铸钢、铸铁、铸铝、油泥、石膏等。

二、环境设计的思维

环境艺术设计的思维因素，体现在环境艺术设计的形态要素（包括形体、色彩、材质、光影）、环境艺术设计的形式法则以及环境艺术设计的思维方法三个方面。

（一）环境艺术设计的形态要素

顾名思义，"形"意为"形体""形状""形式"，"态"意为"状态""仪态""神态"，就是指事物在一定条件下的表现形式，它是因某种或某些内因而产生的一种外在的结果。

1. 环境艺术设计的形态要素概述

（1）意识、功能、形式的关系

构成环境艺术的形态要素有形状、色彩、肌理等，它与功能、意识等内在因素有着相辅相成的必然联系，即意识产生功能—功能决定形式—形式反映意识。所以，在讨论环境艺术的"形态"要素时一定要清晰，没有拒绝意识和脱离功能的形式存在。反过来，形式的存在必然为实现功能和为传达意识服务。

（2）造型因素中形态的意义

造型因素中形态的意义体现在以下两个方面：

1）指某种特定的外形，是物体在空间中所占的轮廓，自然界中一切物体均具备形态特征。

2）包括物的内在结构，是设计物的内外要素统一的综合体。

（3）形态的类型

1）具象形态。具象形态泛指自然界中实际存在的各种形态，是人们可以凭借感官和知觉经验直接接触和感知的。因此，它又称为现实形态。

2）抽象形态。抽象形态又称纯粹形态和理念形态，是经过人为的思考凝练而成，具有很强的人工成分，它包括几何抽象形、有机抽象形和偶发抽象形。

（4）形态的创造

通过点、线、面、体构成的具象或抽象形态创造，离不开不同的材料和技术手段。材料表面的肌理和质感以及技术工艺所造成的质量效果，都不同程度地影响着形态的差异和传达的视觉感受。

（5）单个物体在设计上的形态要素

人们对可见物体的形态、大小、颜色和质地、光影的视知觉是受环境影响的，在视觉环境中看到它们，能把它们从环境中分辨出来。从积累的丰富视觉经验总结出单个物体在设计上的形态要素主要有尺度、色彩、质感和形状。

1）尺度。尺度是形式的实际量度，是它的长、宽和确定形式的比例。物体尺度是由它的尺寸与周围其他形式的关系所决定的。

2）色彩。色彩是形式表面的色相、明度和色调彩度，是与周围环境区别最清楚的一个属性。同时，它也影响到形式的视觉重量。

3）质感。质感是形式的表面特征。质感影响到形式表面的触点和反射光线的特性。

4）形状。形状是形式的主要可辨认形态，是一种形式的表面和外轮廓的特定造型。

以上是单个物体的主要形态要素，但就环境艺术这一关于空间的艺术而言，从整体的角度来看，环境艺术设计的形态要素的范畴更为广博，它包含形体、色彩、材质、光影等四个方面。

2.环境艺术设计的形态要素之一——形体

形体是环境艺术中建构性的形态要素。任何一个物体，只要是可视的，都有形体，是我们直接建造的对象。形是以点、线、面、体、形状等基本形式出现的，并由这些要素限定着空间，决定空间的基本形式和性质，它在造型中具有普遍的意义，是形式的原发要素。

（1）点

点是人们虚拟的形态，在概念上没有长、宽、高，它是静止的、没有方向感的，具有最简洁的形态，是最小的构成单位，但在环境艺术中因其凝聚有力、位置灵活、变化丰富显露出特殊的表情特点。点的特性体现在以下几个方面：

第一，当一个点处于区域或空间中央时，它稳固、安定，并且能将周围其他要素组织起来，建构秩序，控制着它所处的范围。

第二，当它从中央的位置挪开时，在保留自我中心特征的同时，更表现出能动、活跃的特质。

第三，室外环境中，静止的点往往是环境的核心，动态的点形成轨迹。

第四，点的阵列能强化形式感，并引导人的心理向面的性质过渡。

第五，作为形式语汇中的基本要素，一个点可以用来标志一条线的两端、两线的交点、面或体的角上线条相交处。

（2）线

线是点在空间中延伸的轨迹，给人以整体、归纳的视觉形象。线要素也是设计过程中表现结构、构架及相关事物关系的联络要素。它对规整空间的几何关系、构筑方式的强化都有非常重要的作用。线可以分为两大类型，即直线系列和曲线系列，前者给人以理性、坚实、有力的感觉，后者给人以感性、优雅的感受。线的特性主要体现在以下几个方面：

第一，具有强烈的方向感、运动感和生长的潜能。

第二，直线表现出联系着两点的紧张性；斜线体现出强烈的方向性，视觉上更加积极能动。

第三，曲线表现出柔和的运动，并具备生长潜能。

第四，如果有同样或类似的要素做简单的重复并达到足够的连续性，那这个要素也可以看成是一条线，它有着很重要的质感特性。

第五，一条或一组垂直线，可以表现出一种重力或者人的平衡状态，或者标出空间中的位置。

第六，一条水平线，在设计中水平线常具有大地特征的暗示作用。

第七，斜线是视觉动感的活跃因素，往往体现着一种动态的平衡。

第八，垂直的线要素，可以用来限定通透的空间。

（3）面

一条线在自身方向之外平移时，界定出一个面。面是由二维的长度和宽度来确定，依其构成方式，一般可以概括成为几何形、有机形和偶然形。面的基本属性是它的形状、颜色和质地特征。

面是环境艺术无论室外或室内设计中的空间基础，三维空间的面构成相互的关系，决定了它们所界定的空间的形式与特性。面的特性主要有：

第一，一条线可以展开成一个面。从概念上讲，一个面有长度和宽度，但没有深度。

第二，面的第一性是形状，它是由形成面的外边缘的轮廓线确定的。我们看一个面的形状时可能由于透视而失真，所以只有正面看的时候，才能看到面的真正形状。

第三，一个面的色彩和质感将影响到它视觉上的重量感和稳定感。

第四，在可见结构的造型中，面可以起到空间限定的作用。因为作为视觉艺术的建筑，面是专门处理形式和空间的关于三度体积的设计手段，所以面在建筑设计的语汇中便成为一个很重要的因素。

（4）体

一个面，在沿着它自己表面的方向扩展时，即可形成一个体量。从概念上讲，一个体有长度、宽度和深度三个量度。作为环境设计的基本技能之一，我们要形成研究体量的图的关系的敏锐观察力。可见，体形能赋予空间以尺度关系、颜色和质地。同时，空间也默示着各个体形的相互关系。这种体形与空间的共生关系可以在空间设计的尺度层次中得到体验。关于体的特性主要有：

1）体是由面的形状和面之间的相互关系所决定的，这些面表示体的界限。

2）作为建筑设计语汇中三度的要素，一个体可以是实体，即体量所置换的空间；也可以是虚体，即由面所包容或围起的空间。

3）一个体量所特有的体形，是由描述出体量的边缘所用的线和面的形状与内在关系决定的，可以运用扭转、叠加等手法增加体的变化。

4）作为构成形态的元素之一的体量，还能以突出的形态特征插入群体体量中，从而获得强烈的对比效果。

实体中，抽象的几何体量有球体、圆柱体、圆锥、棱锥和立方体。

①球体是一个向心性和高度集中性的形式，在它所处的环境中可以产生以自我为中心的感觉，通常呈稳定的状态。

②圆柱是一个以轴线呈向心性的形式，轴线是由两个圆的中心连线所限定的。它可以很容易地沿着此轴延长。如果它停放在圆面上，圆柱呈一种静态的形式。

③圆锥是以等腰三角形的垂直轴线为轴旋转而派生的形体，像圆柱一样，当它坐在圆形基面上的时候，圆锥是一个非常稳定的形式；当它的垂直轴倾斜或者倾倒的时候，它就是一种不稳定的形式。它也可以用尖顶立起来，呈一种不稳定的均衡状态。

④棱锥的属性与圆锥相似，但是因为它所有的表面都是平面，棱锥可以在任一表面上

呈稳定状态。圆锥是一种柔和的形式，而棱锥相对来说则是带棱带角比较硬的形式。

⑤立方体是一个有棱角的形式，它有 6 个尺寸相等的面，并有 12 个等长的棱。因为它的几个量度相等，所以缺乏明显的运动感或方向性，是一种静的形式。

（5）形状

形状有三种情况：自然形，包括自然界中各种形象的体形；非具象形，是有特定含义的符号；几何形，根据观察自然的经验，人为创建的形状，几乎主宰了建筑和室内设计的建造环境，最醒目的有圆形、三角形和正方形。每种形状都有自身的特点和功能，对于环境艺术设计的实践有重要的作用。它们在设计中运用非常灵活，富于变化。形状的特性主要有：

1）图纸空间被形状分割为"实"和"虚"两部分，形成图的关系。

2）形状被赋予性格，它的开放性、封闭性、几何感、自然感都对环境艺术起着重要的影响。例如，圆形给人完满、柔和的感觉，扇形活泼，梯形稳重而坚固，正方形雅致而庄重，椭圆流动而跳跃。

3）对形的研究还涉及民族的潜意识和心理倾向。特别是固定样式成为民族化语言的主要表达方式。

形状中，最重要的基本形是圆、三角形和正方形。

3. 环境艺术设计的形态要素之二——色彩

色彩是环境艺术设计中最为生动、活跃的因素，能造成特殊的心理效应。

（1）色彩的三要素

色相、明度和纯度是色彩的三要素。

一系列的点，围绕着一个点均等并均衡安排。圆是一个集中性、内向性的形状，通常它所处的环境是以自我为中心，在环境中有统一规整其他形状的重要作用。

强烈地表现稳定感。当三角形的边不受到弯曲或折断时，它是不会变形的，因而三角形的这种形状和图案常常被用在结构体系中。从纯视觉的观点看，当三角形站立在它的一个边上时，三角形的形状亦属稳定。然而，当它伫立于某个顶点时，三角形就变得动摇起来。当它倾斜向某一边时，它也可处于一种不稳定状态或动态之中。

正方形是有四个等边的平面图形，并且有四个直角。像三角形一样，当正方形坐在它的一个边上的时候，它是稳定的；当立在它的一个角上的时候，则是动态的。

1）色相

色相是色彩的表象特征，即色彩的相貌，也可以说是区别色彩用的名称。通俗一点讲，所谓色相是指能够比较确切地表示某种颜色的色别名称，用来称谓对在可视光线中能辨别的每种波长范围的视觉反应。色相是色彩的最重要的特征，它是由色彩的物理性能所决定的，由于光的波长不同，特定波长的色光就会显示特定的色彩感觉，在三棱镜的折射下，色彩的这种特性会以一种有序排列的方式体现出来，人们根据其中的规律性，便制定出色彩体系。色相是色彩体系的基础，也是我们认识各种色彩的基础，有人称其为"色名"，是我们在语言上认识色彩的基础。

2）明度

明度是指色彩的明暗差别。不同色相的颜色，有不同的明度，黄色明度高，紫色明度低。同一色相也有深浅变化，如柠檬黄比橘黄的明度高、粉绿比翠绿的明度高、朱红比深红的明度高等。在无彩色中，明度最高的色为白色，明度最低的色为黑色，中间存在一个从亮到暗的灰色系列。在有彩色中，任何一种纯度色都有着自己的明度特征。例如，黄色为明度最高的色，处于光谱的中心位置；紫色是明度最低的色，处于光谱的边缘。

3）纯度

"纯度"又称"饱和度"，它是指色彩鲜艳的程度。纯度的高低决定了色彩包含标准色成分的多少。在自然界，不同的光色、空气、距离等因素，都会影响到色彩的纯度。比如，近的物体色彩纯度高，远的物体色彩纯度低；近的树木的叶子色彩是鲜艳的绿，而远的则变成灰绿或蓝灰等。

（2）色彩、基调、色块的分布以及色系

为一个室内空间制订色彩方案时，必须细心考虑将要设定的色彩、基调及色块的分布。方案不仅应满足空间的目的和应用，还要顾及其建筑的个性。

色系相当于一本"配色词典"，能够为设计师提供几乎全部可识别图标。由于色彩在色系中是按照一定的秩序排列、组织的，因此它还可以帮助设计师在使用和管理中提高效率。然而，色系只提供了色彩物理性质的研究结果，真正运用到实际设计中，还需要考虑到色彩的生理和心理作用以及文化的因素。

4.环境艺术设计的形态要素之三——材质

材质在审美过程中主要表现为肌理美，是环境艺术设计重要的表现性形态要素。人们在和环境的接触中，肌理起到给人各种心理上和精神上引导和暗示的作用。

材料的质感综合表现为其特有的色彩光泽、形态、纹理、冷暖、粗细、软硬和透明度等诸多因素上，从而使材质各具特点，变化无穷。可归纳为粗糙与光滑、粗犷与细腻、深厚与单薄、坚硬与柔软、透明与不透明等基本感觉。材质的特性有以下几个方面：

第一，质地分触觉质感和视觉质感两种类型。

第二，材质不仅给我们肌理上的美感，还在空间上得以运用，能营造出空间的伸缩、扩展的心理感受，并能配合创作的意图营造某种主题。质地是材料的一种固有本性，可用它来点缀、装修，并给空间赋予含义。

第三，材质包括天然材质和人工材质两大类。

第四，尺度大小、视距远近和光照，在对质地的感觉上都是重要的影响因素。

第五，光照影响着我们对质地的感受。反过来，光线也受到它所照亮的质地的影响。

另外，图案和纹理是与材质密切关联的要素，可以视为材质的邻近要素。

5.环境艺术设计的形态要素之四——光影

光与照明在环境艺术设计的运用中越来越重要，是环境艺术设计中营造性的形态要素。

正如建筑的实体与空间的关系一样，光与影也是一对不可割裂的对应关系。设计师在对光的设计筹划中，影也常常作为环境的形态造型因素考虑进去。为了达到某种特殊的光影效果而考虑照明方式的设计案例不胜枚举。现代环境艺术设计的光主要有自然光环境与人工光环境两大类。

（1）自然光环境

自然光环境作为空间的构成因素，烘托环境气氛，表现主题意境，满足人们渴求阳光、自然的心理需求，而且越来越上升到重要的地位。

（2）人工光环境

人工照明的最大特点是可以随人们的意志而变化。光的来源形式通过光和色彩的强弱调节，创造静止或运转的多种空间环境气氛，给环境和场所带来生机。人工照明又分为直接照明、间接照明、漫射照明、基础照明、重点照明、装饰照明等几种类型。其中，局部照明和工作照明是为了完成某种使用视力的工作或进行某种活动而去照亮空间的一块特定区域。重点照明是空间中局部照明的一种形式，它产生各种聚焦点以及明与暗的有节奏图形，以替代那种仅仅为照亮某种工作或活动的功用。重点照明可用来缓解普通照明的单调性，它突出了房间的特色或强调某个艺术精品和珍藏。

综上所述，环境艺术设计的形态要素是我们创作和审美时重要的手段，也是环境艺术设计学习中创意思维的基础。正如一位语言大师必须熟练地运用词汇一样，我们也应熟知这四个要素及其相互的关系，并且，还要用我们的聪明才智来扩展、发掘它们的各种可能性。

（二）环境艺术设计的思维方法

1.环境艺术设计的思维类型

（1）逻辑思维

逻辑思维也称为抽象思维，是认识活动中一种运用概念、判断、推理等思维形式来对客观现实进行的概括性反映。平常所说的思维、思维能力，主要就是指这种思维，它是为人类所专有的最普遍的一种思维类型。逻辑思维的基本形式是概念、判断与推理。逻辑思维发现和纠正谬误，有助于我们正确认识客观事物，更好地学习知识和准确表达设计理念。

艺术设计、环境艺术设计是艺术与科学的统一和结合。因此，必然要依靠抽象思维来进行工作，它也是设计中最为基本和普遍运用的一种思维方式。

（2）形象思维

形象思维，也称"艺术思维"，是艺术创作过程中对大量表象进行高度的分析、综合、抽象、概括，形成典型性形象的过程，是在对设计形象的客观性认识基础上，结合主观的认识和情感进行识别，所采用一定的形式、手段和工具创造和描述的设计形象，包括艺术形象和技术形象的一种基本的思维形式。

形象思维具有形象性、想象性、非逻辑性、运动性、粗略性等特征。形象性说明该思维所反映的对象是事物的形象；想象性是思维主体运用已有的形象变化为新形象的过程；

非逻辑性就是思维加工过程中掺杂个人情感成分较多。在许多情况下，设计需要对设计对象的特质或属性进行分析、综合、比较，而提取其一般特性或本质属性，然后再将其注入设计作品中去。

环境艺术设计是以环境的空间形态、色彩等为目的，综合考虑功能和平衡技术等方面因素的创造性计划工作，属于艺术的范畴和领域。所以，环境艺术设计中的形象思维也是至关重要的思维方式。

（3）灵感思维

"灵感"源于设计者知识和经验的积累，是显意识和潜意识通融交互的结晶。灵感的出现需要具备以下几个条件：对一个问题进行长时间的思考；能对各种想法、记忆、思路进行重新整合；保持高度的专注力；精神处于高度兴奋状态。

环境艺术设计创造中灵感思维常带有创造性，能突破常规，带来新的从未有过的思路和想法，与创造性思维有着相当紧密的联系。

（4）创造性思维

创造性思维是指打破常规、具有开拓性的思维形式。创造性思维是对各种思维形式的综合和运用。创造性思维的目的是对某一个问题或在某一个领域内提出新的方法、建立新的理论，或艺术中呈现新的形式等。这种"新"是对以往的思维和认识的突破，是本质的变革。创造性思维是在各种思维的基础上，将各方面的知识、信息、材料加以整理、分析，并且从不同的思维角度、方位、层次上去思考，提出问题，对各种事物的本质的异同、联系等方面展开丰富的想象，最终产生一个全新的结果。创造性思维有三个基本要素：发散性、收敛性和创造性。

（5）模糊思维

模糊思维是指运用不确定的模糊概念，实行模糊识别及模糊控制，从而形成有价值的思维结果。模糊理论是从数学领域中发展而来的。世界的一些事物之间，很难有一个确定的分界线，譬如脊椎动物与非脊椎动物、生物与非生物之间就找不到一个确切的界线。客观事物是普遍联系、相互渗透的，并且是不断变化与运动着的。一个事物与另一事物之间虽有质的差异，但在一定条件下却可以相互转化，事物之间只有相对稳定而无绝对固定的边界。一切事物既有明晰性，又有模糊性；既有确定性，又有不定性。模糊理论对于环境艺术设计具有很实际的指导意义。环境的信息表达常常具有不确定性，这绝对不是设计师表达不清，而是一种艺术的手法（含蓄、使人联想、回味都需要一定的模糊手法，产生"非此非彼"的效果）。同一个艺术对象，对不同的人会产生不同的理解和认识，这就是艺术的特点。如果能充分理解和掌握这种模糊性的本质和规律，必将有助于环境艺术的创造。

2. 环境艺术设计思维的应用

环境艺术设计的思维不是单一的方式，而是多种思维方式的整合。环境艺术设计的多学科交叉特征必然要反映在设计的思维关系上。设计的思维除了符合思维的一般规律外，还具有它自身的一些特殊性，在设计的实践中会自然表现出来。以下结合设计来探讨一些环境艺术设计思维的特征和实践应用的问题。

（1）形象性和逻辑性有机整合

环境艺术设计以环境的形态创造为目的，如果没有形象，也就等于没有设计。设计依靠形象思维，但不是完全自由的思维，设计的形象思维有一定的制约性或不自由性。形象的自由创造必须建立在环境的内在结构的规律性和功能性的基础上。因此，科学思维的逻辑性以概念、归纳、推理等对形象思维进行规范。所以，在环境艺术的设计中，形象思维和抽象思维是相辅相成的，是有机地整合，是理性和感性的统一。

（2）形象思维存在于设计，并相对的独立

环境的形态设计，包括造型、色彩、光照等都离不开形象，这些是抽象的逻辑思维方式无法完成的。设计师从对设计进行准备起到最后设计完成的整个过程就是围绕着形象进行思考，即使在运用逻辑思维的方式解决技术与结构等问题的同时，也是结合某种形象而进行的，不是纯粹的抽象方式。譬如，在考虑设计室外座椅的结构和材料以及人在使用时的各种关系和技术问题的时候，也不会脱离对座椅的造型及与整体环境的关系等视觉形态的观照。环境艺术设计无论在整体设计上，还是在局部的细节考虑上；无论是在设计的开始，还是在结束，形象思维始终占据着思维的重要位置，这是设计思维的重要特征。

（3）抽象的功能和目标最终转换成可视形象

任何设计都有目标，并带有一些相关的要求和需要解决的问题，环境艺术设计也不例外。每个项目都有确定的目标和功能。设计师在设计的过程中，也会对自己提出一系列问题和要求，这时的问题和要求往往也只是概念性质，而不是具体的形象。设计师着手了解情况、分析资料、初步设定方向和目标，提出空间整体要简洁大方、高雅，体现现代风格等具体的设计目标，这些都还是处于抽象概念的阶段。只有设计师在充分理解和掌握抽象概念的基础上思考用何种空间造型、何种色彩、如何相互配置时，才紧紧地依靠形象思维的方式，最终以形象来表现对于抽象概念的理解。所以从某种意义上来说，设计过程就是一个将抽象的要求转换成一个视觉形象的过程。无论是抽象认识还是形象思考的能力对于设计都具有极其重要的作用和意义。理解抽象思维和形象思维的关系是非常重要的。

（4）创造性是环境艺术设计的本质

设计的本质在于创造，设计的过程就是提出问题、解决问题而且是创造性地解决问题的过程，所以创造性思维在整个设计过程中总是处于活跃的状态。创造性思维是多种思维方式的综合运用，它的基本特征就是要有独特性、多向性和跨越性。创造性思维所采用的方法和获得的结果必定是独特的、新颖的。逻辑思维的直线性方式往往难以突破障碍，创造性思维的多方向和跨越特点却可以绕过或跳过一些问题的障碍，从各个方向、各个角度向目标集中。

（5）思维过程：整体—局部—整体

环境艺术设计是一门造型艺术，具有造型艺术的共同特点和规律。环境艺术设计首先是有一个整体的思考或规划，在此基础上再对各个部分或细节加以思考和处理，最后还要回到整体的统一上。

　　最初的整体实质上是处在模糊思维下的朦胧状态，因为这时候的形象只是一个大体的印象，缺少细节，或者说是局部与细节的不确定。在一个最初的环境设想中，空间是一个大概的形象，树木、绿地、设施等的造型等都不可能是非常具体的形象，多半是带有知觉意味的"意象"，这个阶段的思考更着重于整体的结构组织和布局，以及整体形象给人的视觉反映等方面。在此阶段中，模糊思维和创造性思维是比较活跃的。随着局部的深入和细节的刻画，下一阶段应该是非常严谨的抽象思维和形象思维在共同作用，这个阶段要解决的会有许多极为具体的技术、结构以及与此相关的造型形象问题。

　　设计最终还要再回到整体上来，但是这时的整体形象与最初的朦胧形象有了本质的区别。这一阶段的思维是要求在理性认识的基础上的感性处理，感性对于艺术是至关重要的，而且经过理性深化了的感性形象具有更为深层的内涵和意蕴。

第七章　建筑环境设计

建筑环境设计具有极强的创造性。伴随着我国当前城镇化建设的不断推进，社会公众对建筑环境设计的要求越来越高。故而，本章就建筑环境设计在、新时期这样的角度和层面展开详细说明。

第一节　新时期建筑环境设计的变化

我国新时期建筑环境方面所产生的问题越来越凸现出来，如何有效地推进我国新时期建筑环境设计的发展已成为当前业界亟待解决的重要问题。笔者认为，新时期建筑环境设计应当从以下几个方面来不断完善：

1. 新时期的建筑环境设计追求个性化

新的居住生活需求对当前的建筑环境设计提出了更高的要求，新时期下的建筑环境设计不仅要同周边环境的整体风格相融合，而且应当注重自身设计的个性化。基于这一现状，我们在进行建筑环境设计时不仅要处理好建筑环境同周围空间之间的关系，使整个建筑环境的整体风格相互协调、相互适应，而且应当将居住者思想方面的追求得以更好地体现，为具有差异化生活方式需求的居住者提供风格迥异的建筑特色，从而将不同的生活意境展现出来，这样一来。不仅能够展现该项建筑独具风格的艺术品位，而且能够彰显个性化十足的环境艺术。所以说，新时期的建筑环境设计者首先应当具备的就是较高的文化素养水平。历史名胜古迹、外国文化、古典风情、民俗传统等众多方面都可以为新时期下的建筑环境设计提供丰富的创作灵感。尤其是当今世界开放程度越来越高，建筑环境设计者们一定要努力汲取多方面的素材，开拓设计思维，在广阔的视野中寻求建筑环境设计的艺术灵感，并从中捕捉具有个性化的环境设计火花。

2. 新时期的建筑环境设计应当充分利用现代高新技术

建筑环境设计是建筑科学与环境艺术设计的综合成果，这主要表现在以下两个方面：一方面，建筑环境设计关系到城市的整体布局、建筑平面作用的规划等多个方面，是一项十分复杂的综合性工程；另一方面，伴随着当前科学技术的飞速发展，建筑环境设计在结构以及功用方面对技术性的要求也越来越高。我们当前正处于信息技术高度发达的时代，信息技术时代的建筑环境设计方法同过去工业时代的建筑环境设计方法存在相当大的差异，将高端技术融合到建筑设计艺术中去是当前信息技术时代的发展规则，这同时也逐渐成为新时期建筑环境设计的发展方向。新时期的建筑环境设计师们正在加大现代信息技术同设计艺术之间的融合力度，力求二者之间的和谐一致，从而满足当代社会公众的消费需求。例如，灯光设计是当前城市住宅设计以及城市景观布局设计中一个重要的组成部分。我们可以想象一下，倘若没有电灯的发明，那么任凭建筑环境设计师们怎样开动脑筋也无法使整个建筑空间蕴含灵动与情感的表现。基于以上分析可以看到，新时期的建筑环境设计需要不断渗透现代的高端科学技术，只有这样才能充分表现出建筑环境设计的艺术内涵，才能使整个建筑环境设计领域呈现出不断创新的良好局面。

3. 新时期的建筑环境设计应当注重对人性的回归

现代信息技术在给人类带来极大便利的同时，也带来了人性的泯灭。这一点首先表现在人类欲望带来的人类本性的泯灭，也就是说，当代科学技术的发展使人类逐渐沦为被宰割的对象，所以说，"注重人性的回归"就成为新时期建筑环境设计的一个重要发展方向。我国新时期的建筑环境设计中的许多杰作大多也是从体现人类本性的中国传统水墨画中激发出了灵感，从而创作了令人震撼的建筑环境设计项目的。

例如，巧夺天工的云南大理石被用来作为建筑物上的装饰品、被镶嵌于古典镜框之中；桂林等地岩洞里钟乳石的照片被放大为宣传广告画；中国古典建筑的台基、柱廊、斗拱、飞檐、彩绘；苏州园林的人造山、水、亭榭构成的小中见大的意境；民间工艺品，如陶瓷、刺绣、蜡染，等等。这些都是回归自然的人性追求表现。

4. 新时期的建筑环境设计应当加强环境的整体性把握

众所周知，当人们对一件事物进行审美评判时，通常是通过对其的整体印象来进行评判的，而往往不会首先关注事物的细枝末节，人们对一件事物的审美过程是先从整体到部分，继而又返回到事物整体的一个过程。建筑环境设计作为一项整体性的工程，是由众多小的结构组合在一起的，每一个小的结构体又都能够发挥一定的作用与功能，这些具备不同功能的结构体构成了一个巨大的有机体，这就是建筑环境整体性的体现。但是，建筑环境整体绝不是将各种要素进行简单、机械的累加结果，而是一个各要素之间相互补充、相互协调、相互加强的综合效应，强调的是整体的概念和各部分之间的有机联系。所以说，在对建筑环境设计效果进行审美评判时，应当注重对建筑环境整体性的把握。"整体美"来自各部分之间关系的和谐，当代环境艺术对"整体性"的追求，也就是环境艺术组成要素之间和谐关系的追求。

5. 新时期的建筑环境设计应当注重环保材料的使用

建筑材料在取材、生产加工、运输、使用和废弃的过程中，会导致大量废水、废气以及废渣的排放，严重影响了生态环境以及人类的身体健康，导致大气、水体以及土壤的污染。所以，新时期的建筑环境设计应当关注建筑材料的环境保护功能。应当加强节能建材的检测、生产及销售，除此之外，还应当充分运用法律手段，完善法律法规，从法律制度的高度推进环保建材的使用与发展。国家有关部门应当尽快出台一批主要影响环境的建筑装饰材料技术要求，对符合健康型建筑装饰材料技术条件的产品进行认定，并向社会公告。

6.建筑设计人性化日益显现

把人性化渗透到建筑设计中来，这是当代建筑设计的基本要求。尤其是对于那些具有特殊使用功能的建筑一定要满足特定使用者的要求。比如，医院作为一个公共建筑，其使用者包括病人、病人亲友、医生、护士及其他工作人员。在建筑设计中就要以这些人为中心和主导，在功能设置上使病人在尽可能短的时间内得到最好的护理和治疗，病人亲友在陪伴过程中尽可能消除紧张，医生能减少不必要的外界干扰，集中精力和时间用于病人的诊断和治疗，医院工作人员减少行程，提高护理质量和效率。这些都是"人性化"设计理念的表现。具体一点来说，合理布置的休息、商店、问讯、健康咨询、网络查询等公共服务设施，缩短患者挂号、分诊、交费、等候检验结果的时间，减少公共服务空间的拥挤现象，使原来繁复的就医过程变得轻松舒心等等。这些都是在建筑设计中融入人性化理念的重要表现。

第二节　公共建筑无障碍环境设计

一、概述

公共建筑是城市建设的主要组成部分，其功能及服务对象不仅是自然的人，而且是社会的人；不仅要满足人们的物质需求，而且要满足人们精神上的需求。公共建筑是为全体公众服务和使用的，是体现残障者等行动不便群体平等参与、共享权利的重要场所，也是无障碍环境设计的重中之重。如何利用先进技术，精湛工艺，以及现有的物质技术条件和多专业的协作，创造出适宜的空间环境，更好地满足人们的生活愿望，是建设者最基本的任务。

（一）公共建筑无障碍环境规划设计原则

为公众服务和使用的公共建筑，其设计内容、使用功能和配套设施均应符合残疾人、老年人及其他适用群体的要求，在设计时应遵循相应的设计原则，满足通行和使用上的需求。

1.增强视觉、听觉障碍者对环境的感知

人在环境中依靠视觉、听觉、嗅觉、触觉等获得各种各样的信息，经过大脑的储存、分解、组织与重构，形成了对环境的整体认知。依靠这些信息，通过相应的行为，可以协调自身与环境的相互关系，适应或者改造环境，达到人与环境的和谐。

对环境的感知是行为发生的前提条件。无障碍环境设计就是要针对视觉、听觉等信息障碍，采取相应措施，充分调动各种感觉的综合及补偿作用，利用方位的引导、材料质感的变化、色彩的对比与反差声响与标志等，使环境的可感知性增强。

在公共建筑及场所的设计中应充分利用盲道凸字、音响声讯装置、电子资料显示板、车载活动路线图、电铃、黄色凸线和边缘白线等触觉、听觉及视觉信息，使视觉障碍者和听觉障碍者能充分感知所处的环境及其变化，以利于他们的安全方便使用。

2.确保使用者安全

安全性因素对于残疾人、老年人及一切行动不便者来说格外重要。设计的基本原则是能够安全地出入和使用建筑物。特别是对一些功能复杂的综合性建筑物和城市构筑物，还必须考虑到紧急情况发生时避难和逃生路线等。重点要做到：避免安全通道上存在高差、地面选用防滑材料以及走廊过道的整洁和畅通。

公共厕所和浴室是与人们生活非常密切的场所，也是残障者感到最不方便的地方。据统计每年在厕所发生的事故远远高于其他场所。因此公共建筑设计中，应将公共厕所和浴室作为重点，在卫生间的构造上进行精心的无障碍考虑和设计，确保使用者的安全。

3.满足残疾人的人体尺度要求

残疾人对环境的操作是指在无须他人帮助的情况下，独立地从事某种行为。为此，环境必须满足残疾人的人体尺度和行为特点的要求，尽可能使操作的难度达到最简化、方便化，避免两只手同时使用才能完成的操作动作。例如家具、柜台、公用电话、盥洗池等高度和下部空间应使轮椅乘坐者可接近并使用；厕位的大小、便器的布置、扶手的安装等必须使轮椅乘坐者方便地在便器与轮椅之间转换；水龙头、开关、门把手、扶手、电梯操作盘等的安装位置要考虑使用者的可及高度，其尺寸、形状要考虑无法完成拉、转、扭、握等动作的上肢残疾者使用。

（二）公共建筑的无障碍重点设计部位

公共建筑无障碍环境的重点设计部位为：建筑出入口、水平交通、垂直交通、门窗、地面、卫生设施、客房、座席、停车场、服务台及其他（表7-1）。

表 7-1 公共建筑点部位无障碍设施

项目	设计内容
坡道	宽度、长度、坡度、地面、扶手、平台、挡台
出入口	盲道、台阶、扶手、平台、门厅、音响引导及触摸位置图
走道	宽度、地面、墙面、扶手、颜色、照度、盲道
地面	平整、防滑、颜色，不积水
盲道	位置、路线、宽度、色彩
服务台	位置、宽度、高度、位置标志
门	形式、宽度、把手、拉手、位置标志
楼梯	防滑、形式、宽度、坡度、扶手、颜色、照度位置标志
电梯	入口、宽度、深度按钮、照度、扶手、音响、镜子、位置标志
扶手	形式、高度、强度、颜色、盲文说明
电话	高度、宽度、深度、位置、标志
轮椅席	位置、宽度、深度、视线、地面、扶手、标志

项目	设计内容
客房	入口、通道、卫生间、居室
阳台	出口、门槛、深度、视线
洗手间	入口、通道、厕位、洗手盆、地面、安全抓杆
浴室	入口、通道、格间、地面、安全抓杆、水温
安全口	路线、位置、形式、颜色、标志
避难处	路线、位置、面积、标志
呼叫钮	位置、高度、标志
电开关	位置、高度、形式
停车位	路线、位置、标志、轮椅通道
标志	位置、形式、颜色、高度、规格（国际通用无障碍标志）

二、公共建筑主要类别与无障碍设计内容

依据公共建筑的使用性质，其主要类别可分为办公与科研建筑、文化与博览建筑、观演与体育建筑、商业服务建筑、交通建筑、医疗建筑、学校建筑和园林建筑等。

（一）公共建筑类别

1. 办公与科研建筑

办公与科研建筑指国家及地方面向社会公众的机构，其中包括各级政府机关、司法部门、公用（企）事业办公楼、科研楼、办事处、写字楼及信息中心等建筑。

2. 文化与博览建筑

文化与博览建筑是面向全社会的文化、科技与纪念性活动的场所，其中包括图书馆、展览馆、博物馆、文化馆（站）、档案馆、科技馆、纪念性场馆等。无障碍设计重点考虑部位有文化建筑的接待区、目录及出纳厅、阅览室、声像室、展览厅、报告厅、休息室及开展各种活动的房间等，应为行动不便的残疾人和老年人提供方便通行和使用上的便利。为公众设置的服务设施，应方便残疾人和老年人使用。

3. 观演与体育建筑

残障者对于观演与体育建筑的使用频率也较高，其中包括电影院、剧院、音乐厅、礼堂、会馆、体育馆及体育场等。无障碍设计重点考虑部位有观演建筑的接待区、售票处、观众厅、休息厅、演播厅、后台区、主席台及竞赛场地等。

4. 商业服务建筑

商业服务业范围广泛，是面向公众生活的场所，也是残疾人、老年人等使用频率较高的场所之一，其中包括不同规模的银行、邮电所、宾馆、酒店、综合商厦及购物中心、超市、餐饮食品、书店、药店、集贸市场、美容美发厅、浴室、社区服务站及维修店铺等。无障碍设计重点考虑部位有商业服务业的接待区、购物区、自选营业区及等候区等。

5. 交通建筑

交通建筑是城市建设的重要组成部分，其中包括航空港、火车站、轮船码头、长途汽车站及地铁站等建筑。无障碍设计重点考虑部位有交通建筑的售票厅、进出港大厅、候机厅、登机通道、进出站大厅、候车厅、检票通道等，应为残障者提供购票、休息及通行上的便利和相关信息服务。

6. 医疗建筑

医疗建筑是人们关注的地方，其中包括综合医院、专科医院、门诊所、卫生所、急救中心、康复中心、疗养院及休养所等。

7. 学校建筑

学校建筑包括高等院校、专业学校、中学、小学、职业高中、老年大学及幼儿园等教学用房和生活用房。

8. 园林建筑

园林建筑包括城市广场、公园、植物园、动物园、旅游景点、寺庙、游乐园场所等。

（二）无障碍设计内容

对以上各类公共建筑，其无障碍设计主要体现在：在建筑出入口内外的通道要平整无高差，方便轮椅乘坐者通行。建筑的出入口、大厅及室内走道的地面应平整、防滑。建筑的室外通路至入口及服务台处应设可进入室内的盲道，在楼梯、电梯、洗手间等部位设位置提示标记。在地面有高低差和台阶时，必须设置符合轮椅通行的坡道，并在坡道两侧及超过两级台阶的两侧安装扶手。在改建、改造困难地段可选用自动升降平台装置取代坡道。对多层建筑应设适合拄杖者使用的缓坡楼梯和轮椅坡道，并在楼梯的两侧安装扶手。当配备有电梯时可取代轮椅坡道，电梯的规格及设施应符合乘轮椅者及视残者的使用要求。男女卫生间、淋浴室的入口、通道、残疾人的隔间厕位、厕位及淋浴室两侧，应设残疾人使用的便器及安全抓杆。安全抓杆的安装应符合轮椅乘坐者进入、回旋与使用要求；若设有残疾人专用洗手间时，可取代公用洗手间设置的残疾人厕位。距建筑入口最近的停车车位应提供给残疾人使用，或在建筑入口单独设置残疾人停车车位。在有无障碍设施的位置如楼梯、电梯、洗手间、公用电话等处，应悬挂国际通用无障碍符号、标志，告知残疾人可以通行和使用。

三、出入口

出入口的障碍主要是台阶和门的宽度。台阶的宽度要充足，并需带有扶手和栏杆；门的尺度在允许的范围也要尽量放宽，防止紧急情况下危险的发生。公共建筑中往往入口处人流量过大，这给残障者进出建筑物造成很大阻碍，因此有必要通过流线设计调整人流，以方便残障者通行。

（一）建筑用地内通道

1. 规划设计原则

（1）为确保步行者的安全，从道路到建筑物门厅之间应实行人车分流。入口的路面应平坦无高差，以延续到门厅的雨篷下为宜。但是常因现实的用地条件等而不能实现，常常是门厅直接连着道路，门厅与道路之间有着很大的高差。从停车场接近建筑物以及建筑出入口和外部道路的连接部分也往往容易被忽略，应该特别加以注意。

（2）考虑到紧急情况发生时的疏散路线，在设置通道时应在建筑物的出入口至建筑用地外的人行道、车行道处设置多条通道。

（3）为保证轮椅畅通无阻，应确保一条以上的主要通道具有一定的宽度，并不得有台阶。

（4）为保证乘轮椅者可以直接进入建筑物门厅内，应确保入口雨篷和轮椅停车场地有足够空间。

（5）盲道（导向盲道或警示地砖）应从与人行道或车道相接的建筑用地的起始处开始，一直铺设到建筑物门厅的出入口处。为不影响盲杖的使用，盲道两侧应留有400mm以上的空间。

（6）应从轮椅乘坐者和其他有障碍者的角度出发，不得在人行道、车行道和建筑用地界线内设置台阶。当需要进行雨水排放时，排水沟应建在建筑用地的一侧。排水沟盖应选用盲杖和轮椅前轮不会陷入其内的形状。

（7）当从人行道至建筑出入口的通道上出现无法处理的台阶时，应建有可供轮椅乘坐者使用的其他通道，并设置易于识别的导向标志。标志为连续提示的国际性通用标志。

（8）当通道因地形的原因出现台阶，并无法修建坡道时，应设置升降设备解决。

（9）应根据设施的用途，在通道上设置音响提示等装置。

在大多数视觉障碍者经常进出的公共建筑物中，在入口人行道处也有铺设点字砖的必要。为了要显示出门厅的位置，最好设置诱导铃等；但因其是持续鸣叫的，所以要注意音量、音色、间隔、时段等，如临近住宅区时，特别是夜间鸣叫音量过大会影响他人休息。

2. 设计要点

（1）人行道与建筑入口的连接

从人行道到建筑物的入口处需要设置安全的入口空间。要注意通道的连续性，避免与车道交叉等。

（2）建筑用地内出入口与车行道有高差的连接

位于丘陵地段的建筑物，用地高于道路的情况比较多，这种情况下为了方便轮椅的出入，有在场地里设计一大圈坡道的做法，对于过长的坡道，应在中途设置休息平台，为行进方向提供转换或休息空间；此外，在门前要设有较宽敞一点的带雨篷的空间。

（3）通道宽度、高差

通道宽度应大于1200mm，以保证轮椅间的错车。人行步道的高差规定为20mm以内，在此高度内可使用楔形缘石消除。

（4）地面的处理

通道地面的铺设应避免使用砾石等难以通行的材料，应采用雨天也可防滑的材料进行地面处理。

（5）排水沟盖

设置排水沟盖时，应考虑挂杖者和轮椅乘坐者的通行安全。

（6）坡道

为保证轮椅的通行，坡道宽度应在1200 mm以上（当同时修有台阶时，宽度应为900 mm以上），考虑到轮椅与对面行人错车时，其宽度应提高为1500 mm以上；坡道坡度应不大于1/12，台阶不足160 mm时，坡度不应大于1/8；坡道的起止处应保证有1500 mm以上的水平面，并铺有警示地砖；应在高度每达750 mm处设置一个1500mm以上的休息平台；坡道处应安有扶手，同时为避免拐杖或轮椅前轮卡人扶手的栏杆内，应适当加高扶手栏杆的固定边梁；坡道地面材料应采用防滑耐磨的材料；坡道的颜色应与其他通道有区分。

（7）导向标志

在建筑物主要出入口方向设置路标应鲜艳、醒目、易找；导向标志应从建筑物用地开始一直设置到建筑物出入口处，并易于辨识；在横穿车行道处与坡道的端部，应铺有警示地砖。

（二）建筑物出入口

1. 规划设计原则

（1）建筑物的出入口不得有台阶。当不得不修建台阶时，应同时修建坡道或升降机。具体采用何种方式，应对地形、周围空间及使用者进行综合分析后再定。

（2）门厅等建筑物的主要出入口处，应提供一些建筑设施的信息，如服务台、电梯的位置等，特别是那些具有多种功能的建筑物，应当向使用者提供清晰明了的导向标志。

（3）对于按无障碍要求进行设计的建筑物，应在门厅、出入口等明显位置悬挂国际通用标志，该标志可以为使用者带来安全感。

（4）考虑到紧急情况发生时的疏散路线，除门厅外，还应为残疾人和其他行为障碍者设置多条通道。

（5）考虑到雨天时轮椅的上下车等因素，建筑物的出入口处应建有雨篷。

（6）应在门厅附近为视觉障碍者设置音响提示或钟音提示装置。

（7）应为听觉障碍者设置配有手语工作人员的服务窗口。

（8）应在建筑物的出入口处设置带有音响和频闪的紧急疏散指示灯。

2.设计要点

（1）出入口

建筑出入口宽度应大于 800 mm，其中至少一个出入口宽为 1200 mm。在剧场、商场等出入频繁的场所，宽度应增为 2000 mm 以上，以保证轮椅的通过；考虑到轮椅乘坐者的需要，为保证门在开关时的安全性，门前后地面的 1500 mm 范围内应避免高差；出入口周围宜设挡风室，有利于室内空气调节和防止风直接吹进室内，两门之间的距离需要 1300 mm 以上。

（2）雨篷

雨篷的设计中应充分考虑到雨具的折叠按门铃等行为动作所需空间的遮风挡雨；坡道台阶也应加上防风雨设施。

（3）导向标志

应在一个以上的门厅等主要出入口处设置国际化通用标志；在设置示意图时，应根据儿童、老年人、视觉障碍者的特点，注意示意图的高度、位置、文字大小、颜色、亮度及导向方法等；应有一个以上的示意图设置音响提示、盲文标志或可触式图示。

（4）盲道

盲道或音响提示装置应从建筑物用地内的通道处开始铺设，一直铺设到一个以上的建筑物出入口、服务台，或为视觉障碍者提供服务的工作人员服务处。

（5）地面材料

铺设地面时应选用表面凸凹少的材料，接缝处注意不要使拐杖或轮椅轮子被卡住；在坡道上设置防滑设施；在台阶或楼梯部分注意不要使视觉障碍者踩空或掉倒，在起止点铺设点字砖或改变其材质。

（6）轮椅的清洗

在进入建筑物之前，为了清洗掉轮椅上的污物，需要在门前设置水洗装置；尽可能将其设置在雨篷下；轮椅乘坐者进来，按开关自动出水，边移动边清洗。在建筑物有较长的入口空间的情况下，可将蹭鞋的垫子铺得长些，边移动边蹭掉轮子上的脏污。有时只需放置拖布和水桶即可，可根据情况灵活处置。

（7）照明

要注意能看清门的位置，在建筑物的标志等处也应设置灯光照明。

（三）房间出入口

1.规划设计原则

（1）为保证残障者及其他使用人群通行方便，房间出入口不得存在高差。

（2）要有一个以上的房门采用推拉门或内开门。当门必须外开时，应将门开口处的结构设置成门开启时不凸出走廊墙面的构造。

（3）门的把手应采用易于握持，便于操作的形状。

（4）应根据需要在出入口房门附近设置名称标牌，并标有盲文标记。在房间名称标牌附近应铺设警示地砖。

2. 设计要点

（1）宽度。为保证轮椅乘坐者等人的通过，房间出入口宽度应为800 mm以上。

（2）门扇。外开门宜为向内凹进式。

（3）导向标志。房间出入口处的示意图应设在不影响视觉障碍者通行的位置处，设置时要考虑文字的大小、颜色、导向方法及亮度；门旁还应设置敲门显示传感器、音响提示等装置。

四、走廊、通道

（一）走廊

走廊、通道尽可能地做成直角形式，如果做成迷宫一样或是由曲线构成，视觉障碍者容易迷失方向。因为残疾人在危急时需要更多的帮助，避难通道应设计成最短的路线。与外部直接连通的走廊不利于避难，在设计时应注意避免。

1. 规划设计原则

（1）建筑物出入口至各房间出入口的走廊宽度应能确保轮椅乘坐者和视觉障碍者顺利通行，并不得设有妨碍通行的凸起物。

（2）走廊的宽度应留有轮椅回转等的活动空间。

（3）为方便障碍者在紧急情况下的疏散，应设有避难阳台及室外广场等。

（4）地面应采取防滑地面材料。

2. 设计要点

（1）宽度

走廊的宽度依据建筑的功能要求而定。一般来说若以轮椅乘坐者能够较容易地通行的话，走廊、通道需要1200 mm以上的宽度，如果是两辆轮椅需要交错通行，宽度要在1800 mm以上，如果轮椅要进行180°回转，需要1500 mm的宽度。

（2）形状

在较长的走廊中步行困难者、高龄者需要在途中休息，因而走廊不宜过长；如果走廊太长时，需要设置不影响通行的可以进行休息的场所。一般是在走廊的交叉口处设置休息场所。

壁柱、灭火器、陈列展窗等都应该以不影响通行为前提。作为备用品而设在墙上的物品，必须把墙壁做成凹进去的形状来放置。另外，还可以考虑局部加宽走廊的宽度，不能避免的障碍物应设置安全护栏。

屋顶或墙壁上安装的照明设施和标志牌，不能妨碍通行。步行空间的高度如果小于2200 mm，身体高大的人就有可能发生碰头的危险。如果在楼梯下部设有通道时，视觉障碍者就有可能发生碰头的危险。

在走廊和通道的转弯处做成曲面或折角，这不仅是为了防止碰撞事故的发生，而且便于轮椅车左右转弯，同时也能减少对墙面的损坏。如果不做曲面处理，应进行转角防护以避免损伤墙面。

（3）墙面、地面材料

墙面材质要强度大，能够抵抗轮椅等器具的碰撞。选用材料应手感好，以便视觉残障者扶墙行走时，能够获得好的触感，还要耐脏、易清洁。地面宜使用不易打滑的材料，这样一旦行人或轮椅翻倒时也不会造成很大冲击；如果是地毯，其表面应与其他材料保持同一高度；表面绒毛较长的地毯不适合轮椅乘坐者和步行困难的人行走。

视觉残障者是靠脚下的触感和反射声音行走的，采用适宜的地面材料可以更容易地识别方位，发现走廊和通道，或者是容易发现要到达的地点。在面积较大的区域内规划通道时，地面材料最好要有变化。同时，墙壁、屋顶材料的变化也是十分重要的。

（4）高差

走廊或通道不要有高差变化，特别是台阶数不多的地方，不容易注意到地面上的高差变化，容易发生绊脚、踏空的危险。在有高差的地方，需要做防止打滑处理的坡道。

（5）扶手

在医院、诊疗所、养老院等设施中，残障者经常利用的走廊两侧的墙壁上需要安装走廊扶手，而且扶手应该是连续的。

（6）护墙板

轮椅通常不易保持直行，轮椅的车轮及脚踏板碰到墙壁上，或者手指被夹在轮椅和墙壁之间的事情经常发生，为了避免这类事件，应设置保护板或缓冲壁条。这些设施在转弯处容易出现直角，尽量考虑做成圆弧曲面的形式。另外，还可以加高踢脚板或者考虑在腰部高度的侧墙上采用一些其他材料以起到保护作用。

（7）色彩、照明

巧妙地配置色彩可以使视障者较容易地在大空间中行走，也可以较容易地识别对象物。在容易发生危险的地方，可以通过对比强烈的色彩或照明提醒注意。

把色带贴在与视线高度相近（1400~1600 mm）的走廊墙壁上，可以帮助视障者识别方位。在门口或门框处加上有对比的色彩，能够明确表示出入口的位置。连续的照明设施的配置，可以起到诱导线路的作用。

（8）标志

层数或房间名称等标志也应该考虑便于视觉障碍者阅读、文字和号码应该采用较大的字体，做成凹凸等形式的立体字形。

（二）通道

通道是室内通往目的地的必经之路，它的设计同走廊一样要考虑人流量大小、轮椅类型、扶手及疏散要求等因素。

1. 供残疾人使用的通道

（1）两侧的墙面，应在 900mm 高度设扶手。

（2）通道拐弯处的阳角应为圆弧墙面或切角墙面。

（3）通道两侧墙面的下部应设高 350mm 的护墙板。

（4）通道一侧或尽端与地坪有高差时，应采用栏杆、栏板等安全设施。

（5）通道两侧不得设凸出墙面影响通行的障碍物，光照度不应小于 120 lx。

2. 扶手

（1）因使用者经常是把身体的大部分重量都支撑在扶手上，所以扶手安装时一定要牢固。

（2）室内的通道应该畅通无阻，但是不可避免地遇到墙柱或凹槽时，扶手栏杆要保证连续性，沿着柱子连续设置；当遇到门或门洞时，可以在门上也安装扶手，或在扶手的尽端有触摸标志，提示前面的变化。消防设施安在墙内时，对应处扶手可以做成翻折式。

（3）室内的扶手以木质或乙烯类材料的较好，这些材料导热性差，给人温和的感觉；或在金属扶手外喷涂涂料，降低其导热性。

（4）扶手高度为 650~850 mm，方便不同需求的人使用。

五、窗

窗户对不能去外界活动的残疾人来说，很大程度上是了解外界情况的重要位置。有人认为视觉障碍者不需要窗户，实际上这是错误的，相反，这些人对窗户的需求更为强烈。因此窗户应该尽可能地容易操作，而且又很安全。对轮椅乘坐者而言应创造出一个无阻碍视线的窗户。

1. 高度

窗台的高度是根据坐在椅子上的人的视线高度决定的。最好在 1000 mm 以下，但是如果太低又有可能增加坠落的危险。高层建筑物需要装防护扶手或栏杆等防止坠落的设施。当从地面到屋顶全部采用落地式透明玻璃时，会有因为逆光而看不清玻璃的情况发生，在这方面需要引起注意。

2. 开闭形式

窗户开闭有推拉、上下滑窗、旋转（横向、纵向）等形式，其中以推拉的形式便于操作。向室内突出的旋转窗容易发生碰撞事故，应尽量避免。当擦洗玻璃时，因残障者能擦到的面积不是很大，需要考虑手可以较容易够到的尺寸，避免使用过于复杂的机械装置。排烟窗等也需要选择操作容易的开闭形式。

3. 防止夹手

安装合页的窗口，其合页固定侧如果夹住手，会引起很大的伤害，对此应安装海编等进行防护。铝合金窗等会出现锐角的框边，应尽量避免夹手。

4. 遮阳板、百叶窗、窗帘

为了能够调节室内的环境条件，需要设置遮阳板、百叶窗和窗帘等，应尽量选择操作容易、性能安全的形式。在窗边还应该考虑设置有能够饲养动物和栽培植物的必要空间。

六、坡道（室内）

坡道是用于联系地面不同高度空间的通行设施，由于功能及实用性强的特点，当今在新建和改建的城市道路、房屋建筑、室外道路中已广泛应用。坡道的位置要设在方便和醒目的地段，并悬挂国际无障碍通用标志。

室内坡道一般设在公共建筑有高差变化的大堂或中庭里，有的医院在没有电梯的情况下，也会用坡道解决残疾人的垂直交通问题，通常这样的坡道环绕在楼梯间的外侧。在建造初期坡道与台阶并设，不仅会降低造价，也会让设计统一自然，健全人利用起来也很方便。

七、台阶与楼梯

台阶和楼梯同样是垂直通行空间的重要设施，楼梯的通行和使用不仅要考虑健全人的使用要求，同时更应考虑残疾人、老年人等的使用要求。楼梯的形式每层按 2 跑或 3 跑直线形楼梯为好。避免采用每层单跑式楼梯及弧形、螺旋形楼梯，这种类型的楼梯会给残疾人、老年人、妇女及幼儿带来不安全感，容易引发劳累和发生摔倒事故。

1. 台阶

（1）台阶超过 3 阶时，在台阶两侧应设扶手。

（2）室内台阶踏面要充足，踏步踏面不小于 300 mm，踏步挑头边缘的圆弧半径应小于 38 mm，倾斜踢面的坡度与水平面所成最小角度为 60°，踏步临空侧面应有安全挡台，其高度不小于 50 mm。

主要公共建筑和专门为残障者服务的建筑内部，不得采用无踢面的临空踏步，防止拄杖者在上楼时拐杖滑出踏步。踏面和踢面的颜色应有区分和对比。

2. 楼梯

（1）楼梯间位置应靠近出入口。

（2）应采用有休息平台的直线形梯段，不宜采用弧形楼梯和无休息平台的楼梯。

（3）公共建筑内楼梯的净宽不小于 1200 mm。

（4）踏步的起止点 250~300mm 处要设有提示盲道，在公共建筑中踏面最小宽度为 300 mm，最大踢面为 150 mm。

（5）楼梯两侧应在 900 mm 高度处设扶手，楼梯 90°与 180°转弯处内侧扶手宜保持连贯；楼梯起点及终点处的扶手，应水平延伸 300 mm 以上，扶手内侧与墙之间净空为 40~50 mm。

3. 楼梯的细部设计

对视觉障碍者来说，找寻发现台阶的起点、终点是困难的，因此不宜在大厅中央宽敞的区城内突然有上升或下降，所以在走廊或通路的环状路一侧及与其成直角的稍微凹进去的部分设置台阶比较好。连续的台阶中每个踏步的尺寸最好保持一致。有共享空间的楼梯会造成儿童或东西坠落等危险，需要设置防止这些危险发生的安全措施。另外，台阶下能够通行的话，容易发生视觉障碍者或儿童撞头的事故。为此应在台阶下部附设安全设施，至少也应保持地面到台阶之间的高度为 2200mm，或者在这些台阶的周围设置安全栏杆，不让人们进入。

八、电梯、自动扶梯、升降台

（一）电梯

电梯是建筑物内一个很重要的垂直升降设施。与普通电梯不同，残障者使用的电梯在许多基本功能方面须进行特殊考虑，这些功能决定残障者使用电梯的能力。供残障者使用的电梯在规格和设施配备上均有所要求，如电梯门的宽度、关门的速度、梯箱的面积等。应在梯箱内安装扶手、镜子、低位及盲文选层按钮、音响报层按钮等，并在电梯厅的显著位置安装国际无障碍通行标志等。

1. 规划设计原则

（1）在配有两个以上楼梯的建筑物中，应安装电梯或升降机，其中应有 1 部以上的电梯可供障碍者使用。

（2）对新建建筑物设计时，应预留出增设的电梯位置。

（3）为障碍者设置的通往候梯厅的导向标志应简洁明了，并应连续设置。

2. 设计要点

（1）候梯厅

候梯厅的位置应靠近入口大厅，其面积不应小于 2000 mm × 2000 mm；应在候梯厅出入口的附近设置国际通用无障碍标志；导向盲道应从建筑物主要出入口一直铺至候梯厅操作盘处；候梯厅应设有运行状态的音响提示。

（2）规格

1）电梯轿厢及电梯井的出入口宽度应为 800 mm 以上。

2）电梯轿厢的进深应为 1350 mm 以上，其面积不小于 2 m²。

3）电梯轿厢和候梯厅的操作按钮应安装在距地面 900~1000 mm 处，并设置盲文标志；在距地 200mm 处安装脚踏式辅助按钮；在同一建筑物内，电梯轿厢的操作按钮排列位置应统一。

4）电梯轿厢内的扶手应安装在距地面 750~850mm 处。

5）应将镜子安装在电梯轿厢门对面，以确认电梯门的开关状态。

（3）紧急报警装置

紧急呼叫按钮应安装在轮椅乘坐者便于操作、视觉障碍者容易发现的位置处。

（4）座椅

应在电梯轿厢内配备可供老年人或其他行动不便者休息的座椅。

（二）自动扶梯

自动扶梯是水平和垂直通行的主要设施之一，当今在商业服务、交通等建筑中已广为应用，很受大众欢迎，同时也方便了残疾人和老年人的使用。一般性能和规格的自动扶梯对拄拐杖的残疾人和老年人均可使用，供轮椅乘坐者使用的自动扶梯规格则另有要求。

供轮椅乘坐者使用的自动扶梯，其净宽度要求为800mm。除适合标准轮椅的宽度外，乘轮椅的双手或单手可方便地握住自动扶梯的扶手。自动扶梯上下入口的自动水平板要求在3片以上，使乘轮椅者能更好地配合扶梯使用。

自动扶梯一般踏步的宽度为400mm、高度为200mm，轮椅的大轮子正好落在踏步面上，并紧贴在上一个踏步的前缘处。小轮子则落在上一个踏步面上，加上适当的握持扶手，可使轮椅平稳地在自动扶梯上跟随着向上运行。

在自动扶梯的扶手端部外应留有不小于1500mm×1500mm的轮椅停留及回旋面积。在扶梯入口的栏板上或在适当部位安装国际无障碍通用标志。

乘轮椅者使用自动扶梯上行时比较容易操作，只需经过短时间的训练就可以单独使用，也可在有人协助下直接使用。下行时难度略大一点，需要将轮椅倒退进入自动扶梯，将轮椅落在踏步面上，因此在有人协助下使用较为安全。建议轮椅乘坐者在下行时最好选用电梯。

当前已有一种既方便又安全的供轮椅乘坐者使用的自动扶梯，在上行或下行时，只需按下按钮，踏步将有三个踏面形成一个完整的平面，轮椅则可安稳地停留在水平踏面上运行。

（三）其他升降设备

除了电梯、自动扶梯以外，还有其他一些供残障者使用的移动设备。在进行设计时，要考虑到这些设备的使用方法及维护管理上的问题。最理想的结果是尽可能避免使用这些设备，而是通过建筑局部的合理设计来解决这些问题。

1.升降台

升降台是指把水平状态的平台通过机械升高或降低的一种设备。一般是为了到达1000 mm左右高差的地方而使用的一种升降设备。根据升降台的形式，平台下部的空间也不同。U字形支撑升降台一般需要150~180 mm，单人油压升降台或蒸汽升降台至少需要保证把升降传动机械部分全部放在地下的深度。

升降台作为残障者移动的辅助设施之一，其特点是占地面积小，造价相对低廉，在住宅中使用较常见。

2.坡道电梯

坡道电梯设置在台地的斜坡上，一般是在有一定技术困难或不可能设置垂直电梯的情况下使用。该设备作为可自己操作的电梯，方便易学，但是不能像自动扶梯那样有很大的运送能力。它的大小和装备与垂直电梯几乎相同。

3. 楼梯升降机

楼梯升降机是在不能安装电梯的小型建筑物内设置的。升降机的传送轨道固定在楼梯的侧角或楼梯的表面，传送轨道的上方升降机上下移动。升降机有座椅形和箱形，座椅形可以安装在旋转式台阶处，箱形的升降机只能安装在直线台阶的位置。

4. 移动步道

移动步道是一种在水平或只有稍微倾斜的坡面轨道上移动的机械通道。在移动步道上，行人、婴儿车、轮椅、自行车等都能舒适地使用。要留意残疾者能够使用的有效幅宽、运行速度、弯曲度、地面材料等。因为在升降地点容易发生翻倒事故，要十分注意固定地面和可动地面的连接。

第三节 基于审美角度的建筑环境设计

尽管在形式服从功能的主张大行其道的当下，人们在评价一个建筑或是其内部空间的时候，不论问题的出发点是不是在谈论功能，最终其结论的探讨也会变相地以美学的角度呈现出来。而室内空间，作为人为建造物的主要内容，更是离不开对其美丑的评价。作为人们工作、居住的场所，更是无法脱离人在生理与心理上对其的体验感受。所以说，可持续室内环境设计的出发点是人与自然的和谐，满足生态原则的要求；落脚点是以人为本，遵循美学的普遍法则，可以说，是艺术性与可持续性的高度统一。

那么如何理解这二者的统一性呢，就要从处于空间中的人的感受上去分析，把概念范畴转化到设计场景中去理解，分析的落脚点就是人在空间中的审美体验。

一、审美体验

1. 审美知觉的构建

"美"是对能够使人们感到愉悦的事物的评价，而"审美"指的则是美的事物给人带来的感受与体验，更加侧重于人的心理活动过程，但这一心理活动过程也不可否认会受到客观条件的影响。

换句话说，审美的过程相当于人在体验美中获得情感自由的过程。审美能力不仅能帮助我们理解设计师或创作者的理念和手法，另一方面也能引导设计师掌握大众审美心理的普遍性和发展趋势，并以此来指导设计活动更好地服务人民群众。当今社会，设计语言的多元化、普及化发展已经使群众在审美情感上产生了某种共鸣，因此设计师更需要迎合群众日益改变的审美需求创作出更加优秀的、更能激发审美共鸣的作品。

现今，室内设计常常以视觉作为文化传达的基础，并且在人类所有的感官系统当中，只有听觉和视觉属于认识性的感官，所以通过视觉和听觉这两种感官系统，能够使人们更加直观有效地认识和领悟世界。而且，在视听感知当中，视觉感知又具有听觉感知无法比拟的优势，因为视觉感知一方面具有理解的直接性，另一方面它与图像、形象紧密相连，可以更大程度地激发人们深层次的共鸣、联想和思考。换种说法就是，和听觉做比较，视觉拥有图像对语言的强大优势。由此可见，室内设计的一个尤为明显的特点就是审美知觉的直观性。故而，室内设计的一大特征就体现在审美的直观性上。

而审美体验是美感在人们心里的构建和延伸，是设计意义在某一瞬间的生成，是发生在受众独立的生命中不可复制难以言说的独特感受。但是我们可以通过艺术活动来符号化具象化这些审美感受，所以说艺术活动的创作过程其实就是审美体验符号化的过程。不论是作品的存在方式、受众的接收过程还是艺术的传播过程都离不开审美体验，可以说审美体验贯穿着设计活动的始终。

2. 审美体验的作用

审美体验是设计意义在某一瞬间的生成，那么我们可以将艺术创造理解为人在实践过程中创造性地赋予这一瞬间以形式的活动。审美体验可以说是设计活动的起点和终点，也是贯穿整个设计活动始末的创造性动力因素。

设计活动是由多种精神活动和技术活动组成的一个复杂的创作过程，同时还伴随有多层次的心理活动交错介入。最常见的分法是把设计活动分为设计的萌发阶段、构思阶段、物化阶段，这三个环节相互关联、层层推进。

首先，审美体验是设计萌发的动力，甚至可以说是根本动力。所谓设计的萌发过程，指的是设计师创作灵感和设计欲望的产生。设计的萌发乍看起来像是偶然间降临在设计师身上的激情所致，但事实上它并不是偶发事件，也不是毫无缘由的，它是设计师历年经历的过去和现在的审美素养的累积酝酿造成的精神爆发。以诗歌创作为例，我国南朝文学批评家钟嵘在其著作《诗品》的序言中，是这样描述的："若乃春风春鸟，秋月秋蝉，夏云暑雨，冬月祁寒，斯四候之感诸诗者也。嘉会寄诗以亲，离群托诗以怨。至于楚臣去境，汉妾辞宫；或骨横朔野，魂逐飞蓬；或负戈外戍，杀气雄边：塞客衣单，孀闺泪尽；或士有解佩出朝，一去忘返；女有扬蛾入宠，再盼倾国；凡斯种种，感荡心灵，非陈诗何以展其义，非长歌何以骋其情？"也就是诗人丰富的人生阅历、深沉的忧患意识、累积的痛苦体验酝酿爆发，才引起了诗歌创作的激情，这个道理在所有的艺术或设计门类都是相通的。

其次，审美体验是设计构思的逻辑基础。所谓的构思，是设计师用自己丰富的体验作为基础，在多种心理活动中对材料进行重新排列、组合、改造、深化，从而延伸创作审美意象的一个过程。音乐家听万曲而后知音，画家觉千山后打草稿，作家历人生百态尝酸甜苦辣后方文思泉涌，体验的丰富程度和给人带来的感受的深刻程度是成正比的，由此激发出的情感和审美的创造力影响力也是成正比的。审美体验不仅提供了丰富的素材，最重要的是它构成了设计构思的内在逻辑。被设计师情感凝聚的种种意向，通过联想具化成审美意象，故而，审美体验构成了设计构思的内在逻辑基础。

最后，审美体验是设计物化的最终根据。设计的物化，指的是设计师将自己的审美体验通过设计创造使其转化为具体艺术形象的过程。举个例子，在感知活动中客观实际存在的花草是眼中的花草，那么设计师构思的花草的审美意向则可以理解为胸中的花草，而最终经过设计师创造性的符号实践和设计手法凝练出来的花草就是画中的花草。

设计师的劳动就是把丰富的体验通过艺术手法转化成为具体的生动的艺术形象的过程。音乐的曲调、小说的人物、画作的场景都是主体内心审美意象物化的结果。审美意象就是审美体验在设计主体内心中的无形投影，其最终根据就在审美体验当中。

通过对设计的萌发阶段、构思阶段和物化阶段这三个设计的主要环节的分析，我们不难得出一个结论，审美体验是设计活动的基本动力、内在逻辑和最终根据，它贯穿着设计活动的始终，是设计活动的出发点和落脚点。没有审美体验更谈不上设计创作。

二、审美意境的发展

1. 审美意境

在室内设计当中，最能凸显设计师设计方案，并能烘托整体氛围的就是饱含着设计主体思想情感的审美意境，审美意境是设计活动中尤为重要的一部分。审美意境最大的意义就是勾勒出整个空间的灵魂。在意境中加入审美知觉，能够将空间氛围渲染至最大程度，而且可以反向显现空间中的想象和情感。设计师通过在空间氛围中倾注各种各样的自然的文化、风俗、精神等手法，从而完成人与自然、人与空间的对话。

室内设计强调自然舒适，在审美意境上不断进行尝试和创新，通过运用不同的更新的理论，加以各种形式的审美表达语言，对室内设计不断进行发展。所以，审美意境的重要性就是由于它是设计的灵魂，它能更好地凸显设计的主题及背后的文化意义，能使设计更好地被受众接受和理解，从而实现对设计思想更好地传播。

2. 审美需求

当代各式各样的室内设计之中，无论是何种造型何种风格，其实在某种程度上说都是对人们审美取向的一种反馈或者是引领。室内空间与人日常生活息息相关，所以室内设计也就相比其他的空间设计有更普遍的更深层次的感染力，故而室内设计也会更多地反映出人们的文化和艺术审美的倾向。

说到当代人的审美需求，特别是对于室内空间，多元化的发展趋势日益明显。作为四大文明古国之一，我国的文化底蕴浓厚，历史源远流长，中国传统文化直接或间接地影响着人们的审美标准，在室内设计中也不例外。所以从某种程度上讲，室内设计其实是我们对于中国传统文化的继承与革新。当然我们也应该看到，随着全球化的发展人们的思想观念也在与时俱进地发生改变，传统思想逐步淡化，一些新的国外的审美理念越来越受到人们的追捧，如何洋为中用这也是现如今亟待我国设计师解决的一大问题。

3.审美多元化

首先，从深度上讲，人们需要的是多重感官、立体丰富的审美体验而不是过去单一性的审美体验；其次，从宽度上讲，人们需要的是多元化艺术风格的而不是简单乏味的单一艺术风格的审美体验。现今人们越来越不满足过去单靠视觉进行的简单的审美感知，相反，越来越倾向于与我们每个人多种感官共同协调作用的多维度、深层次、立体综合的审美体验。

人是具有众多感官感知系统的生物。在室内设计领域之中，我们还要考虑时间与空间共同作用下的感知。不同的时间、不同的方位、不同的朝向、不同的颜色、不同的形状、不同的材料都会对受众产生不同的视觉刺激，水的声音、风的声音，甚至是鸟虫的鸣叫则是听觉刺激，各种各样的草木花卉又通过嗅觉进行加分，这些不同层次的审美体验综合起来就给人们带来了全方位的审美体验。

特别是通过现如今的优秀案例分析发现，当今影响人们审美体验的方式是越来越趋向于自然，换句话说，人们对于室内的审美要求越来越倾向自然纯朴，室内设计中如何处理人与自然的关系就显得越来越重要。

三、审美特征

1.室内设计审美特征的表现

室内设计是一个涵盖面很广泛的学科，不仅涉及我们的居住环境，同样也包含所有生活和工作的环境，各式各样的人加上不同的生活状态就产生了各种不同的需求。因此，室内设计具有以下几个特点：第一，多学科性。室内设计包含了许多学科门类，需要建筑学、设计学、机电、暖通、给排水等学科共同配合完成。第二，多层次性。首先需要满足人最基本的使用需求，然后再根据不同使用人群满足其特殊需求，从而使人们的生活使用更方便、快捷、舒适、安全。第三，整体性。必须兼顾各个设计要素和整体空间的关系，注意把握设计的整体和谐，才能更好地实现设计的表现力。第四，实用性。室内设计不仅需要考虑美学，还必须充分满足实用性要求，满足人们基本的使用需求的是设计的基本前提。第五，室内设计的审美特征对室内设计教育的影响。正因为室内专业涉及的学科专业之多，内容之丰富庞杂，就更要求设计人员要具备更高的专业素养和综合能力。

现代室内设计的审美特征可以从以下三个方面概括：

第一，是现代室内设计的和谐美。设计活动离不开整体意识，离不开对全局性的把握，实现各个设计要素之间对和谐和整体关系的把握是实现设计表现力的重要保障。在我国著名的训诂学著作《释名》中，对"美"之一字有这样的一段描述——"美者，合异类共成一体也"。这个描述正是对现代室内设计的和谐美的最好说明。大到公共空间，小到居住空间，所有的室内设计都需要注重整体的和谐美，每一个墙面、天花板、地面，每一组材料、家具、灯光都是具有自身特点的个体，而室内设计则要将这些个体通通纳入一个整体当中，还要兼顾这些个体与个体间关系的协调，每个个体都是整体当中不可或缺的。通过对整体的理解和把握，将一加一大于二的功效发挥使得设计更有表现力和感染力。

第二，是现代室内设计的动态美。基于室内设计的社会服务性，就要求室内设计需要体现出某一类特定受众的生活特性，满足其具体的生活习惯要求。室内设计作品本身是相对静止的状态，因为作品本身是出于发展着的人的生活环境，随着时间和空间的变化，甚至随着受众的改变，作品也在发生着相应的变化。不同季节、不同时间、不同角度，空间给人带来的感受都不一样，或者即使在相同的时间、地点、角度下，不同的人都会对空间效果产生不一样的理解和感受，甚至是同一个人在不同的心境下都会有不一样的审美体验，所以说室内设计具有动态美，而且受到不同受众的审美能力和审美角度的局限。

第三，是现代室内设计的独特美。和所有的设计门类一样，每个原创作品都有独一无二的不可替代性，室内设计也是一样，每一个作品都饱含着设计师的生活阅历、人生经历、文化底蕴和思想情感。地域特征、风格定位、材质表现、符号语言等方面每个设计师都会按照自己审美素养进行创造，每一个作品都展现出设计师独特的魅力。

2. 审美特征的主要影响因素

第一，受生产力和经济基础的制约。经济基础决定上层建筑，这个理论在室内设计上同样适用，设计主体的设计理念和受众的接收程度都受到生产力和经济基础的制约影响。在生产力低下、农业手工业占据主导地位的古代时期，人们求的是风调雨顺五谷丰登，希望天遂人愿，所以天人合一是那一时期的最高追求目标。人们的崇尚的理念是融入大自然，享受大自然的馈赠。随着18世纪蒸汽机的发明，人类社会进入了工业文明的时代，高效率高利润成为人们争相追逐的目标，人们沉浸在人定胜天的信念中肆意地征服自然掠夺自然，工业化进程带来的一系列污染和对自然的破坏渐渐显露恶果，人们开始意识到环境问题的重要性。于是发达的资本主义国家，率先开始走可持续发展的道路，随着社会的进步可持续发展的思想越来越受到重视成为主流。在生产力落后的时候，人类对自然消极掠夺，科技进步时代发展的今天，人类更重视保护自然和自然和谐共处。设计的出发点也在向创造第二自然的角度去转变。

第二，受地理环境的影响。受温度、水域的影响，我国形成了以长江、黄河流域为中心的旧农业文明，环境理念也紧贴温带温和的气候特征，主张人与自然和谐相处的天人合一的思想，以及在此基础上形成的儒家思想等都导致了中国人特有的"崇尚自然、师法自然"的理念。

第三，受社会制度和文化的影响。社会制度、哲学、宗教、民俗文化等因素都对人们自然观、环境观、审美意识的形成有着至关重要的影响，甚至有时候还起决定性作用。比如，道教崇尚的"人法道，道法天，天法自然"的理念，传统文化对设计思想的形成与演化发展有着重要的影响。

第四节　基于可持续性角度的建筑环境设计

早在公元前 5 世纪, 古希腊的哲学家普罗泰戈拉就曾经提出过一个著名的哲学命题"人是万物的尺度", 这可以定义为人本思想在西方的一个文脉源头, 它是人类早期文明中的人文精神与伦理思想的体现。西方的人文主义有一个漫长的历史推演进程, 其在不同时间也表现出了不同的特点。自 14 至 16 世纪的文艺复兴以后, 出现了与神本论相对立的"一切以人为中心"的人文主义思想, 它以尊重人和人性为特点, 着重强调人的根本地位, 推崇以人为本代替神本。

17~18 世纪的资产阶级革命又提出了天赋人权、主权在民、民主法治等人本思想, 确立了现实社会中人的主体价值。与西方的人文主义思想不同, 虽然以人为本的思想在我国古代历史悠久, 但实际上它是中国传统政治文化中的"民本思想"。不论是管子的"夫霸王之所始也, 以人为本, 本治则国固, 本乱则国危", 还是孔子的"天地之性, 人最为贵""仁者, 人也", 以及孟子的"天时不如地利, 地利不如人和"等诸如此类的我国古代人思想表现出的是浓厚的伦理性, 实际上是统治阶级的用民之道。

1."可持续设计"的定义

绿色建筑、可持续发展建筑、生态建筑是 21 世纪建筑设计的主流, 与之相应室内设计的发展也在向绿色设计、可持续设计、生态设计的方向转变。室内装饰引起的资源消耗对环境造成相当严重的破坏, 甚至导致了生态失衡。由建筑业引发的环境污染当中, 大部分都是一个原因造成的, 那就是装饰材料的生产和施工。每年室内装修消耗的木材占我国木材总消耗量的一半左右, 水泥消耗量占全世界水泥消耗总量的 40% 左右。

早在 1993 年, 国际建筑师协会就和联合国教科文组织一起召开了一场世界大会, 会议名称为"为可持续的未来进行设计", 它将主题设定为各类设计活动应重视在生态、环境、能源、土地利用等问题上坚持走可持续发展的道路。现代室内环境的设计应该合理利用室内空间、大力推广环保无污染的"绿色装饰材料"、创造出人与自然和谐发展的世界。动态和可持续的发展观, 既要求在室内设计中有更新的一面, 又要考虑在能源、环境、土地、生态等方面的可持续性。

可持续设计指的是用可持续理念指导走可持续发展道路的设计活动, 需要全面协调经济、科技、社会、环境和道德伦理等问题, 要通过设计活动满足全人类共同的长久的发展利益。它不仅指向资源和环境的可持续, 也包括文化和历史的可持续, 要实现可持续就要满足人与自然、人与环境的和谐发展, 就要求我们的设计活动既能满足现在人的需求又能保障后代的永续发展。

2."可持续设计"的基本属性

可持续设计的属性体现在四个方面——社会属性、自然属性、科技属性、经济属性。

社会属性指的是它是在维持生态系统涵盖能力范围内去改善人类的生活品质；自然属性指的是它通过延续生态的完整性维持人类赖以生存的环境；科技属性指的是它通过节能减排降耗等高科技手段降低人类生产活动对自然能源的消耗；经济属性指的是一切经济指数的发展都要建立在不破坏自然环境的生态平衡基础之上。

3."可持续室内设计"的基本原则

可持续室内设计不论是对设计理念的发展还是发展道路的模式以及消费方式的转化都是一场深层次的革命。可持续的最终实现，需要我们探究更高水平的科技手段和更完善的处理手法，需要各个专业设计师共同努力协调发展，兼顾结构、通风、采光、隔音、取暖、材料等问题，实现整个室内空间的和谐统一。

总的来说，实现可持续室内环境设计的原则归纳起来主要有两大点，即 3F 原则和 5R 原则。

（1）"可持续室内设计"的 3F 原则

3F 原则是指：Fit for the nature——适应自然，即与环境协调原则；Fit for the people——适于人的需求，即以人为本的原则；Fit for the time——适应时代的发展，即动态发展的原则。以上三点原则都是以可持续室内环境设计的目标为依据的。

（2）"可持续室内设计"的 5R 原则

5R 原则是指 Revalue——再认识原则，Renew——改造原则，Reuse——再利用原则，Recycle——循环利用原则，Reduce——减耗原则。

4."可持续室内设计"的发展

（1）我国可持续室内设计的发展现状

可持续发展是全球性的、不可逆转的发展趋势，在室内设计领域也是同样的道理。

可持续的室内设计不光是世界室内设计发展的主题，也是我国室内设计的主流趋势，但是不同的国情就造就了各国不同的发展特点，我国的室内设计可持续发展有其不同于其他国家的独特之处。

虽然说我国的经济发展迅速，但是要是和其他的发达资本主义国家比较的话，我国的科技水平还是比较落后的，再加上经济由资源性转向技术性的速度过慢、人民群众的可持续发展的意识不够强、政府的宣传和执行的力度不到位等这种种劣势都造成了我国的室内设计可持续发展缓慢。不得不提的是，作为新兴学科，从业人员理论不够完备、技术水平参差不齐、相关法律法规不健全等现象屡见不鲜，更加使得我国室内设计可持续发展道路漫长又艰难。

室内设计在中国这30年的发展过程中，经历了很多思想与品位的演变，呈现出多元化、复合性的特点。随着经济的发展、社会的进步以及我国综合国力的提升，人们的物质生活和精神生活都发生了日新月异的变化。随着人们要求的提高，室内设计的科技含量也必然不断增加，内部构造也要打破以往千篇一律的盒子式设计，而逐步向系列化、集约化、智能化、配套化方向发展。

（2）我国室内可持续设计的发展趋势

从总体上看，现代室内设计依然以"使用与氛围""物质与精神"的辩证关系当作发展的基本原理，还采用了一部分工艺美术、工业设计的设计理念和方法做借鉴。随着设计阶段、施工阶段、材料的监管、设备的规范等措施的逐步发展和完善，各部分间的协调关系日益增强，室内设计的发展越来越完善和规范。现代室内设计的发展趋势是越来越多元化发展、注重可持续发展的理念、提倡尊重历史文化底蕴下的追求高新技术的运用。

从新事物发展周期的角度上看，国外的可持续室内设计已经处于成熟壮大期，而我国的可持续室内设计还在发展期的状态，因此，我们还有很大的发展空间，需要一方面加强对绿色设计的技术的探索，另一方面努力完善相关法律政策、加大推广宣传力度，构建多角度深层次的立体发展模式。

第五节　图书馆建筑环境设计

1. 图书馆建筑外部环境设计分析

（1）建筑布局

公共图书馆作为公益性公共文化设施，其建设用地由政府无偿划拨并无偿使用，因此，各级政府应将公共图书馆建设纳入城市公共文化配套设施建设，通过城市规划落实其建设用地，同时，作为公益性公共文化设施，各级政府更应该考虑其设置与布局的科学合理，节约用地。实用高效，使政府的投入产生最大的社会效益，在一个城市发展规划中，构筑公共图书馆的规律就是以人为本，普遍均等，惠及全民，这就需要我们在网点整体布局时，要考虑到服务人口的数量标准，根据服务人口的不同，来确定图书馆的规模，这样在继续建设的基础上才有准确的标准。而且，公共图书馆的建筑还要建设好自己的功能区布局，包括读者活动区、读者休闲区、社区服务区、文献储藏区、特殊读者服务区、员工工作区、疏散撤离区、停车区，等等。

（2）选址条件

选址是对公共图书馆规划布局与建设定位提出的基本条件，公共图书馆是人们经常使用的公共文化场所，其建设与运转都是靠政府财政支撑的，因此方便、实用、安全是其高效发挥社会效益的前提，公共图书馆的选址应在人口集中，环境良好，交通便利，相对安静的地区，符合安全、卫生及环保标准，具备良好的工程地质、水文地质以及市政配套条件的地区。

现如今各地新建公共图书馆的选址存在一些问题，比如，有些地方在公共图书馆建设中，未能很好地把握城市发展与建设时序的对接，没有把公共图书馆建设在人口已经聚集且相对集中的地区，结果图书馆由于周围缺少居民而很少人去，配有现代化设施的图书馆使用效率却比较低。

（3）绿地率与停车场地

公共图书馆建筑的绿地率大概为 30%~35%，因为现代公共图书馆的服务功能日益多元化，对读者而言，它不单单是图书借阅场所，还是人们交流与传递文化信息，发展与促进和谐关系，放松身心与休闲娱乐的场所。因此，公共图书馆的绿地建设应以绿化为主，还可布置座椅、花藤、雕塑等园林设计，为读者学习、阅读之余提供休憩交往的场所，同时也可作为应急时的避难场所。

公共图书馆的停车场地一般包括自行车停车场和机动车停车场，为了保障交通畅通，大、中型公共图书馆的机动车停车场应以地下车库为主，有条件的公共图书馆可以根据实际需求，充分利用地下空间设置机动车停车场，各地也可以根据实际或按照当地城市规划相关规定配建机动车停车位。

2.图书馆建筑内部环境设计分析

（1）功能区布局

合理的功能区布局是公共图书馆总平面布置的基本原则，因为它直接影响着使用效率，应该以读者为中心，与图书馆的管理方式和服务手段相适应，从紧凑合理、便于联系、方便调整动静分区等方面来进行规划，设计。

首先，公共图书馆的总平面布置要严格区分内部工作管理区域和读者活动区域，在此前提下，把借阅区和公共活动区分开，把不同性质的阅览区分开，把办公和文献加工区分开，如果公共图书馆有音乐厅、剧场、影院和餐厅等扩展功能设施或生活区，必须将其与馆区严格分开，比如广西区图书馆，进入正门左侧就是一些餐厅、咖啡厅等餐饮设备，与正对大门的主馆区分开，而且其报告厅、会议室也是在主楼右侧的副楼中。

其次，功能相同的空间宜集中布置而不宜分散布置，比如，老龄阅览室和视障阅览室应设在一层，根据少儿读者活泼好动的特点，少儿阅览区应与成年人阅览区分开，并设置独立出入口，还应在馆外设置开展少儿活动的相关场地。此外，公共图书馆最好有专门的残疾人服务区，比如盲人阅览室，为方便残疾人读者，残疾人服务区最好设在一层或其他较低的楼层，而且与其相关的无障碍设施如专供残疾人使用的出入口、坡道、通道、门、电梯、停车车位、洗手间等，尽可能近些，以方便残疾人读者。

（2）建筑设备智能系统

1）给水排水系统

公共图书馆应设室内外给水、排水系统和消防给水系统，以及相应的设施和设备，而且给排水管道不得穿过书库以及藏阅合一的阅览室。给排水管应采取防震措施，生活污水立管不应设在与阅览室、自修室毗邻的墙上，空调管道的排水口应连接下水道。

每层应设饮用水供水点，应该在方便读者使用的地方，但又不影响人员流通，报告厅馆员晚上值班休息区，办公区设专用卫生间，而且要设有残疾人专用卫生间，卫生间应设置在各层的通风处避免异味影响阅览区的学习环境，尽量选择节约型给水排水系统，现在提倡建设节约型社会，所以我们在建立图书馆时须充分给予考虑，由前面生态可持续发展思想可知要注重水源的利用与回收，可以考虑利用雨水的回收，安装雨水采集系统，储水系统，对污水处理系统经过过滤后供洗手间、灌溉使用，还要有充足的消防用水，水压要足，设置消防防烟面罩和高空缓降绳。

2）暖通空调系统

公共图书馆的暖通空调系统包括室内温度、湿度设计参数，通风换气次数送风气，大、中型公共图书馆需要空调的房间面积大，要求高，并且这些公共图书馆一般都有特藏书库数字资源处理等对空调要求较高的房间，宜按照现行国家标准，设置中央空调系统便于运行管理，产生噪音较小，空调效果也好，而且空调应设计为全健康型空调，具有换气、静音、除尘、除味、置换空气等健康功能，在不使用空调时，应保证自然通风。

3）安全防盗系统

作为公共活动场所，公共图书馆应建有可靠的安全防护措施，设置安全防盗装置，还应该在主要入口处，储藏珍贵文献资料的书库和阅览室，重要设备室，网络管理中心等重点防范部位和要害部门设置视频安防监控系统，公共图书馆的防盗系统主要由探头、传输、控制处理等部分组成，由设在图书馆低层外围及其他重要部位的音响，振动和红外等探测器将报警信号传输至中央控制主机，进行声光报警，同时通知有关保安人员并调动闭路电视监控系统，尽快控制现场，确保大楼内人员和财产安全。

4）消防、防震系统

公共图书馆应根据防火规范的要求设置火灾报警系统、消防联动系统等，在接到报警信号后，消防控制中心自动判别报警位置，区域和报警类型并调用闭路电视监控系统察看现场、在确认火灾类型、范围后，自动控制非消防电源，卷帘门，送风机，排烟机及通道消火栓泵，自动喷淋泵电梯等设备进行联动灭火，关闭空调以防止火势扩散将电梯降至底层；通过疏散广播，火灾声光报警器，安全疏散指示照明灯，指挥人员安全疏散；同时自动向城市消防指挥中心报警，以确保人身及财产的安全，消防关系到人身的安全，所以我们在建设图书馆的时候一定要布置明确。

建设公共图书馆的时候也要做好防震系统。首先，我们要按照抗震等级，采取有效的抗震措施，确保建筑物的抗震能力达到规定的设防要求。其次，采用隔震技术装置，减轻地震对图书馆建筑物的影响，在公共图书馆结构底部或者在内部设置减震或隔震设施，使整个图书馆好像坐落在橡胶垫或是弹簧上，地震来时建筑物的震动周期可与地震周期错开，防止共振现象、隔震和减震装置隔绝了地面运动对建筑物上部的直接作用，消耗掉地震传来的能量，保护上部结构不受地震力的破坏。

5）综合布线系统

随着信息时代的加快，公共图书馆的智能化与日俱增，综合布线系统为大楼中各自动化系统提供传输数据、语音、图像的媒体，是一组完整的布线系统，具有开放性、实用性、灵活性、扩充性、经济性、规范性等特点。

在公共图书馆建筑装修过程中进行上述各系统所需传输线路的布设，为此应在每层楼预留足够面积的弱电设备间（若平面面积大可能需要多个）和弱电竖井，主设备间的位置应尽可能靠近弱电竖井；数据通信部分的垂直主干采用光纤加六类双绞线备份语音通信部分和数据同传；水平线路主要采用六类双绞线加光纤备份；在顶层预留两个通信设备基站，以安排移动、联通或电信布设移动基站，并将通信基站作为建筑物的一部分来设计，保安监控、公共广播和自动控制等系统的布线采用计算机网络，节约成本，并参照系统的要求和有关的标准执行，综合布线系统还应具备防雷等安全措施。

（3）建筑装饰

1）色彩装饰设计

人们看到不同的色彩会有不同的感受，所以公共图书馆建筑要根据不同的功能区配备不同的色彩，以调节读者的心理感受。比如，馆员工作区的色彩采用暖色调可以提高馆员的工作效率，缓解疲劳；读者活动区以浅色调为主，使读者能沉下心来阅读；休闲区可以采用柔和色调，缓和读者读书时的紧张感；而对于紧急出口、消防防震等标志应采用鲜明的警戒色。

图书馆是人类文化知识宝库，它的发展体现着人类文化文明的进程，人们往往把图书馆建筑本身看作是文化艺术的象征。所以公共图书馆在建设时，要考虑一些雕塑或者壁画等对于其建筑的装饰作用，公共图书馆内部的雕塑可以有石雕、木雕、根雕、泥雕、陶雕、石膏像等不同的艺术形式，而且要反映出公共图书馆建筑的主题，与其建筑本身浑然一体，不要有突兀的感觉与雕塑的作用相似，装饰壁画的恰当选择与悬挂同样是美化图书馆室内环境，体现文化底蕴的重要一环。装饰壁画的选择仍然需要与公共图书馆建筑本身风格一致。

2）采光设计

公共图书馆在采光设计方面，应该尽量使用自然光，在自然光不能满足视觉需要的时候，采用人工照明，虽然我们有时候必须用到人工照明，但是，由于生态，可持续，以人为本等观念的普及，公共图书馆建筑应更倾向于自然光的利用，自然光经济又没有污染，白天可以充分利用，总之，在图书馆建设之初，就要确立合理利用自然光的概念，来解决采光问题。

3）生态绿化设计

生态绿化可以美化环境缓解读者疲劳，提高工作学习效率，还可以净化空气，调节室内温度湿度，减少粉尘污染，从以人文本角度考虑，有利于读者的身心健康。所以，将绿色植物引入公共图书馆，不仅能提高环境质量，也是满足用户心理需求的因素。

由于室内光照不足，空气不太流通，不利于植物生长，因此要科学地选择植物，兼具观赏性装饰性，植物的摆设要讲究，不可喧宾夺主，还要利用美学的观点将植物合理搭配组合在对大厅、走廊、楼梯、服务台、阅览桌等进行平面绿化的同时，可利用吊盆种植花卉，藤木，蕨类等进行垂直绿化，增加绿化空间立体感，取得层次丰富、色彩多样的效果，而且要考虑其与室内整体环境的协调统一，与周围的环境如家具、壁画、灯饰等有机结合，达到相互补充，取得丰富的空间感，营造出舒适和谐的工作学习氛围。

（4）导视标识系统

导视标识系统是公共图书馆的导引，指示系统，其目的在于使读者在最短的时间内找到自己想去的地方。

1）分类

宣传性标识主要是对公共图书馆举办的活动、服务体系内容、学术动态等活动的宣传。比如，公共图书馆内的读者 bulletin，读者入馆须知，参考咨询台等。

警示性标识主要提醒读者要注意的地方，禁止的行为，危险的地方。比如，禁止吸烟，禁止非工作人员入内，注意防雷等标识。

无障碍标识，主要是对特殊人员设计的标识系统，包括轮椅、盲文标识等。比如，残疾人专用通道标识、盲人触摸屏标识等，设立这些无障碍标识是为了更好地实现以人为本的思想，全面为各类读者服务。

导向性标识，主要是引导读者如何寻找路线的功能，比如，在进门的大厅设置的区域平面示意图，各楼层书库的路线，休闲区，吸烟室的标识等。

2）设计原则

概括简洁。标识系统应简洁明了，容易记忆，视觉效果清晰明确，造型简洁独特，艺术效果也印象深刻贯彻以人为本的原则，表达形式以图形符号为主，文字为辅，做到一目了然。

艺术结合功能标识系统应该与周围环境融为一体，明确地传递所要表达的信息外，还要在艺术造型、色彩等方面与周围环境相协调，但又不失艺术特点，读者进入图书馆内也不大愿意看到一成不变的标识系统，而且可以在某些特定的标识系统中添加一些图案元素，比如，在青少年图书馆室的标识牌上可以画个卡通小孩的标志，在咖啡室的标识牌上可以画个小咖啡杯，为图书馆增添一些活泼元素。

体现图书馆的特色。标识系统应体现出图书馆的文化特色、馆藏特色等，具有本馆的文化底蕴，比如少数民族地区的公共图书馆，就可以制作一些与本民族相关的标识系统，材质标准安全，标识系统的材料品质及做工都要标准，并且安全，尽量不使用反光、眩光的材质，以保护读者的眼睛，而且安装也要安全，一定要结实，不易脱落。

科技的完美结合，室内提供人性化的阅读空间，休闲空间，外环境与整体风格协调一致，合理规划。

其次在设计思想上应高瞻远瞩，科学先进，适应未来发展需要；采用同时期先进的建筑设计技术和节能环保的建筑材料建造图书馆；利用先进的网络计算机技术、消防安全、监测、楼宇智能化管理等方面的技术手段和设施设备管理图书馆；有条件使用 RFID 新技术的可以先考虑使用，为的是读者更方便地借还、咨询、自助服务等。

最后注重智能设计，节约资源，健康环保，以自然生态作为设计的重要依据，提供一个投资合理、使用效率高、运行费用低的建筑设计。

结　语

　　工程图样是表达和交流技术思想的重要工具，是工程技术部门的一项重要技术文件。在工程中，根据国家标准和有关规定，应用正投影理论准确地表达物体的形状、大小及其技术要求的图纸，称为图样。在实际生产中，设计部门通过图样来表达其设计思想和意图；生产与施工部门根据图样进行制造、建造、检验、安装及调试；使用者也要通过图样来了解其结构、性能及原理，以掌握正确的使用、保养、维护、维修的方法和要求。图样是人们表达设计思想、传递设计信息、交流创新构思的重要工具之一，是现代工业生产部门、管理部门和科技部门中一种重要的技术资料，在工程设计、施工、检验、技术交流等方面有着极其重要的地位，因此，图样被喻为"工程界的语言"。凡是从事工程技术工作的人员，都必须掌握绘制和阅读工程图样的能力。随着市场全球化的发展，国际交流日益频繁，在技术交流、国际合作、引进项目、劳务输出等国际交往的过程中，工程图样作为"工程师的国际语言"更是不可缺少。由此可见工程制图在其中的作用。

　　与此同时，随着社会的不断发展，人类对环境的要求越来越高。如何将自己的生存空间借助自然和构筑物完美地结合在一起，是当代设计师所共同临的问题，也是环境设计产生的根源。从审美的角度研究和探讨人们生产生活的环境，寻找美的规律与表现是现代设计美学所要研究的问题。现代环境设计的美学价值不仅是为了一般意义上的设计得以实现，更是为了提高人的精神境界、促进与实现人的全面发展、促进人与环境的和谐发展，让人们的生活变得更加美好。因而，本书从工程制图和环境设计两个方面进行阐述，希望能够给有需要查阅该方面资料的读者提供可参考的内容。

参考文献

[1] 王燕著. 环境设计理论与实践 [M]. 长春：吉林美术出版社，2018.

[2] 孙磊编. 环境设计美学 [M]. 重庆：重庆大学出版社，2021.

[3] 蔡燕婕编著. 环境设计手绘表现 [M]. 上海：上海科学技术出版社，2020.

[4] 金怡，周申华，于海燕编著. 工程制图 [M]. 上海：东华大学出版社，2019.

[5] 辛艺峰著. 建筑室内环境设计 [M]. 北京：机械工业出版社，2018.

[6] 胡晶编著. 环境设计初步 [M]. 合肥：安徽美术出版社，2018.

[7] 王东辉，李健华，邓琛编著. 室内环境设计 [M]. 北京：中国轻工业出版社，2018.

[8] 张聆玲，唐克岩主编. 工程制图 [M]. 重庆：重庆大学出版社，2017.

[9] 李季著. 环境设计心理学研究 [M]. 延边大学出版社，2019.

[10] 邱晓刚，陈彬，孟荣清，段红著. 基于 HLA 的分布仿真环境设计 [M]. 北京：国防工业出版社，2016.

[11] 林家阳总主编；陈岩，唐建，胡沈健主编；邓威，林墨飞，臧慧，都伟，张楠，王冬，宋季蓉，李晓慧副主编. 建筑环境设计历史与理论 [M]. 杭州：中国美术学院出版社，2019.

[12] 黄茜，蔡莎莎，肖攀峰著. 现代环境设计与美学表现 [M]. 延吉：延边大学出版社 .2019.

[13] 朱安妮著. 传统文脉与现代环境设计 [M]. 中国纺织出版社有限公司，2019.

[14] 罗爱玲，张四聪主编. 工程制图 [M]. 西安：西安交通大学出版社，2016.

[15] 廖坤，胡大勇著. 环境设计概论与方法探究 [M]. 长春：吉林人民出版社，2018.

[16] 马磊，汪月主编. 环境设计手绘表现技法 [M]. 重庆：重庆大学出版社，2018.

[17] 陈罡著. 城市环境设计与数字城市建设 [M]. 南昌：江西美术出版社，2019.

[18] 秦俊晖著. 环境设计的发展现状与就业分析 [M]. 长春：吉林美术出版社，2019.

[19] 王霖著. 不同视角下的环境设计研究 [M]. 长春：吉林人民出版社，2019.

[20] 吴安生，白芳，尹宝莹主编. 环境设计制图与透视学 [M]. 成都：西南交通大学出版社，2017.

[21] 吴卫光主编；张心，陈瀚著. 环境设计手绘表现技法 [M]. 上海：上海人民美术出版社 .2017.

[22] 马磊主编. 环境设计制图 [M]. 重庆：重庆大学出版社，2016.

[23] 蒲波著 . 室内环境设计方法 [M]. 北京：北京工业大学出版社，2016.

[24] 郭媛媛，李娇，郭婷婷主编；马潇潇副主编 . 环境设计基础 [M]. 合肥：合肥工业大学出版社，2016.

[25] 谌凤莲著 . 环境设计心理学 [M]. 成都：西南交通大学出版社，2016.

[26] 孙平燕著 . 幼儿园环境设计与布置 [M]. 西安：西北大学出版社，2017.

[27] 吴宗建，郑欣，翁威奇著 . 环境设计专业教育研究 [M]. 广州：暨南大学出版社，2017.

[28] 刘斌，陈国俊 . 中国高等院校"十三五"环境设计精品课程规划教材环境设计工程制图 [M]. 北京：中国青年出版社，2019.

[29] 张平青编著 . 环境设计透视与表现景观篇 [M]. 济南：山东人民出版社，2018.

[30] 王鹤著 . 环境设计专业公共艺术教学实训 [M]. 天津：天津大学出版社，2018.

[31] 王川著 . 健康理念下老年空间环境设计研究 [M]. 天津：天津大学出版社，2020.

[32] 陈敏编著 . 环境设计手绘表现技法 [M]. 南昌：江西美术出版社，2016.

[33] 王守富，张莹主编 . 室外环境设计 [M]. 重庆：重庆大学出版社，2015.

[34] 李晴，高月宁著 . 装饰画及在环境设计中的应用 [M]. 济南：山东人民出版社，2017.

[35] 吴相凯著 . 基于绿色可持续的室内环境设计研究 [M]. 成都：电子科技大学出版社，2019.

[36] 缪肖俊主编；孙虎鸣，雷雨霖，孙丰，陈希文副主编 . 室内外空间环境设计表现 [M]. 沈阳：辽宁美术出版社，2017.

[37] 陈华钢著 . 绿色室内环境设计的人文意蕴 [M]. 沈阳：辽宁美术出版社，2017.

[38] 詹华山，刘怀敏，李兰编著 . 计算机环境设计表现 [M]. 重庆：重庆大学出版社，2015.

[39] 李大俊主编；汪坤，张莹副主编；陈静，高伟伟，卢曦，白易梅，石杨参编 . 环境设计手绘效果图实用教程 [M]. 重庆：重庆大学出版社，2016.

[40] 徐伯初，饶鹏飞著 . 高速列车室内照明环境设计 [M]. 成都：西南交通大学出版社，2016.